아두이노 내친구 by스크래치 2편

블록 코딩으로 자동차 만들기 (라인 트랙)

아두이노 내친구 by 스크래치

블록 코딩으로 자동차 만들기 (2편 라인 트랙)

2017년 8월 25일 1판 1쇄 발행

저자 양세훈 · 박재일
발행자 김남일
기획 김종훈
마케팅 정지숙
디자인 디자인클립

발행처 TOMATO
주소 서울 동대문구 왕산로 225
전화 0502.600.4925
팩스 0502.600.4924
Website www.tomatobooks.co.kr
e-mail tomatobooks@naver.com

카페 / http://cafe.naver.com/arduinofun

ISBN 978-89-91068-75-9 03560

아두이노 내친구 by 스크래치 2편

블록 코딩으로 자동차 만들기 (라인 트랙)

양세훈 · 박재일 | 공저

TOMATOBOOK
PUBLISHING COMPANY

머리말

전 세계의 인터넷 사용자들은 매일 수억 시간의 동영상을 보고, 수십억 건의 동영상을 검색한다고 합니다. 그 검색 사이트의 이름을 혹시 아시나요? 네, 바로 유튜브입니다. 전 세계 최대 무료 동영상 공유 사이트로, 2006년 최고의 발명품으로 꼽힙니다.

그런데 유튜브가 어떻게 만들어졌는지 아세요? 스티브 첸이라는 사람이 생활 속에서 느낀 문제를 해결하려다 유튜브를 만들었습니다. 자신이 찍은 동영상을 친구들에게 보내려고 했는데 쉽지 않았습니다. 그래서 이렇게 생각했습니다.

'누구나 동영상에 관심이 있으니, 쉽게 동영상을 공유하는 사이트를 만들 수 없을까?'

이렇게 스티브 첸과 그의 친구들은 자신들의 생각을 담아 모든 사람을 뜻하는 You와 TV를 뜻하는 Tube를 붙여 모든 사람의 TV란 의미의 YouTube를 만들었습니다.

이것이 바로 소프트웨어의 힘입니다. 소프트웨어를 이용해서 유튜브라는 멋진 사이트를 만들었습니다. 혁신의 아이콘으로 불리는 스티브 잡스, 마이크로소프트사를 만든 빌 게이츠, 페이스북을 만든 마크 주커버그. 이들은 모두 소프트웨어로 세상을 바꾼 사람들입니다.

소프트웨어는 4차 산업혁명 시대를 준비하는 국가경쟁력의 핵심입니다. 미래를 준비하는 우리들은 반드시 소프트웨어를 잘 알아야 합니다.

소프트웨어를 이용해서 문제를 해결하는 능력은 매우 중요합니다. 따라서 초등

학교부터 소프트웨어를 배워야 합니다. 영국에서는 이미 소프트웨어 과목을 필수 과목으로 지정하여 초등학교부터 소프트웨어를 교육시킵니다.

단순히 소프트웨어를 만들기 위해 소프트웨어 교육이 필요한 것이 아닙니다. 우리가 소프트웨어를 배우는 이유는 생각하는 힘을 키우기 위해서입니다. 이렇게 생각하는 힘을 키운다면 컴퓨터를 이용해서 문제를 멋지게 해결할 수 있습니다.

컴퓨터는 계산도 빠르게 하고, 복잡한 일도 잘 해내지만, 무엇을 해야 하는지 알려 주지 않는다면 아무것도 하지 못합니다. 컴퓨터에 무엇을 어떻게 해야 하는지 알려주는 것이 바로 소프트웨어이고 소프트웨어를 만드는 것이 바로 코딩입니다.

그럼 어떻게 코딩을 공부하면 될까요? 스크래치와 아두이노로 코딩을 배우면 매우 쉽고 재미있게 공부할 수 있습니다.

키보드로 직접 치는 텍스트 코딩은 어렵습니다. 따라서 마우스를 이용해서 쉽게 프로그램을 만들 수 있는 블록코딩이 매우 효과적입니다. 그리고 실제 움직이는 물체가 있다면 더욱 집중을 잘할 수 있습니다. 그것이 바로 아두이노입니다. 스크래치와 아두이노를 같이 공부하면 효과는 더욱 큽니다.

이제 우리는 코딩을 모르면 안 되는 시대를 살아가야 합니다. 코딩을 열심히 공부하고 생각하는 능력을 키운다면 우리는 제2의 스티브 첸, 스티브 잡스, 빌 게이크, 마크 주커버그, 엘런 머스크가 될 수 있습니다.

열심히 공부하여 세상을 바꿔 역사를 새로 쓰는 멋진 사람이 되길 바랍니다.

책에 대하여

이 책은 코딩을 전혀 모르는 사람도 배울 수 있도록 쉽게 쓰였습니다. 코딩을 전혀 모르는 사람도 이해할 수 있도록 자세하게 설명했고 그림을 보고 따라하다 보면 누구나 쉽게 코딩을 배울 수 있습니다. 마치 흥미진진한 소설을 읽는 것처럼 재미있게 코딩을 공부할 수 있습니다.

또한, 중요한 내용은 여러 번 반복해서 설명하므로 이 책을 읽다 보면 많은 내용이 머릿속에 남게 될 것입니다.

코딩을 그냥 공부하면 심심합니다. 하지만 우리가 직접 만질 수 있는 작품을 만들면서 코딩을 배운다면 훨씬 재미있게 배울 수 있습니다.

우리는 이 책으로 아두이노 작품을 만들면서 코딩을 매우 재미있고 신나게 배우게 됩니다.

아두이노는 원래 스케치라는 프로그램을 사용합니다. 그런데 스케치는 영어로 코딩을 해야 하고, 문법도 알아야 해서 배우기 어렵습니다. 하지만 스크래치를 이용하면 아주 쉽게 아두이노 코딩을 할 수 있습니다. 마치 레고 블록을 서로 연결하는 것처럼 코딩하면 됩니다.

2편에서는 1편에서 배운 내용을 더욱 자세하게 배우게 됩니다. 1편에서는 스크래치의 기본 사용방법과 아두이노 코딩을 하는 법을 배웠습니다. 2편에서는 새롭게 추가된 전자부품을 이용하여 더욱 재미있는 게임을 만들어보겠습니다. 반복해서 공부하는 것이 매우 중요합니다. 2편에 있는 내용을 따라하다 보면 코딩 실력이 더욱 발전할 것입니다.

전자회로에 대해서도 더욱 자세하게 배우게 됩니다. 아두이노로 더욱 멋진 작품을 만들기 위해서는 더 많은 전자회로 지식을 알아야 합니다. 이 책에 있는 전자부품을 사용하여 코딩을 하다보면 어려운 전자회로지식도 쉽게 이해할 수 있습니다.

라인 트랙 자동차를 만들기 위해서는 다양한 전자부품을 알아야 합니다. 라인 센서, 모터, 모터 드라이버 모듈 등 다양한 전자부품을 직접 사용하여 코딩하면서 멋진 라인 트랙 자동차를 만들어봅시다.

생각하는 능력은 매우 중요합니다. 이렇게 생각하는 능력을 컴퓨팅 사고력이라고 합니다. 문제를 발견하고 그 문제를 작게 나눠서 순서대로 해결하는 것. 우리는 이 책을 통해서 생각하는 힘이 길러서 어려운 문제를 멋지게 해결할 것입니다.

아두이노를 더 쉽고 재미있게 공부할 수 있도록 홈페이지를 만들어 많은 자료를 준비했습니다.

아두이노 내친구(http://cafe.naver.com/arduinofun)에 와서 많은 내용을 배워서 더 멋진 작품을 만들어보세요.

아두이노 내친구 by스크래치

목차

머리말

책에 대하여

Chapter 1

신기한 라인 센서

1. 라인 센서의 값을 읽어요 _ 12
2. 라인 센서로 소리를 만들어요 _ 26
3. 라인 센서로 게임 만들기 1 _ 33
4. 라인 센서로 게임 만들기 2 _ 46

Chapter 2

힘차게 회전하는 모터

1. 모터를 알아봐요 _ 60
2. 모터의 속도를 바꿔요 _ 84
3. 화살표 키로 움직이는 모터 _ 95
4. 모터 두 개를 연결해요 _ 112

Chapter 3

똑똑한 아두이노 라인 트랙 자동차

1. 아두이노 라인 트랙 자동차를 조립해요 1 _ 130
2. 아두이노 라인 트랙 자동차를 조립해요 2 _ 142
3. 라인 트랙 자동차 코딩을 해요 _ 151
4. 라인 트랙 자동차 경주 시합 _ 158

아두이노 내친구 by스크래치

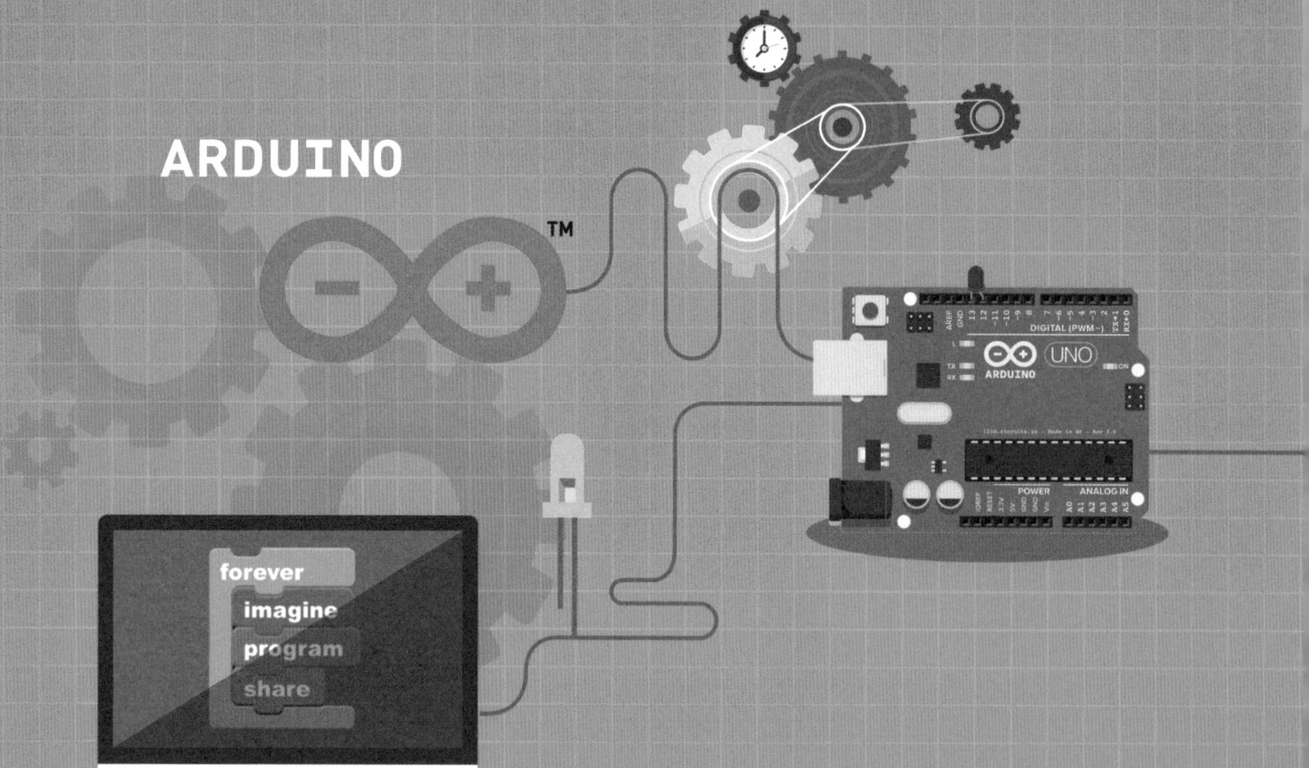

Chapter

01

신기한 라인 센서

Program Robots

1. 라인 센서의 값을 읽어요
2. 라인 센서로 소리를 만들어요
3. 라인 센서로 게임 만들기 1
4. 라인 센서로 게임 만들기 2

1 라인 센서의 값을 읽어요

라인 트랙 자동차에서 눈과 같은 역할을 하는 것이 바로 라인 센서입니다. 이 센서가 어떻게 작동하는지 알아봅시다.

라인 센서를 보면 2개의 엘이디(LED)가 있습니다. 하나는 적외선 빛을 내보내는 적외선 엘이디(LED)입니다. 다른 하나는 빛이 들어왔는지 확인하는 감지 엘이디(LED)입니다.

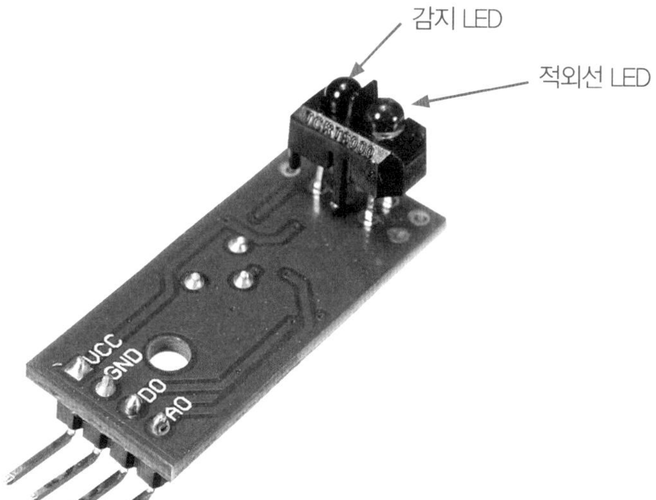

그림 1-1 라인 센서

적외선은 우리 눈으로는 볼 수 없는 긴 파장의 빛입니다.

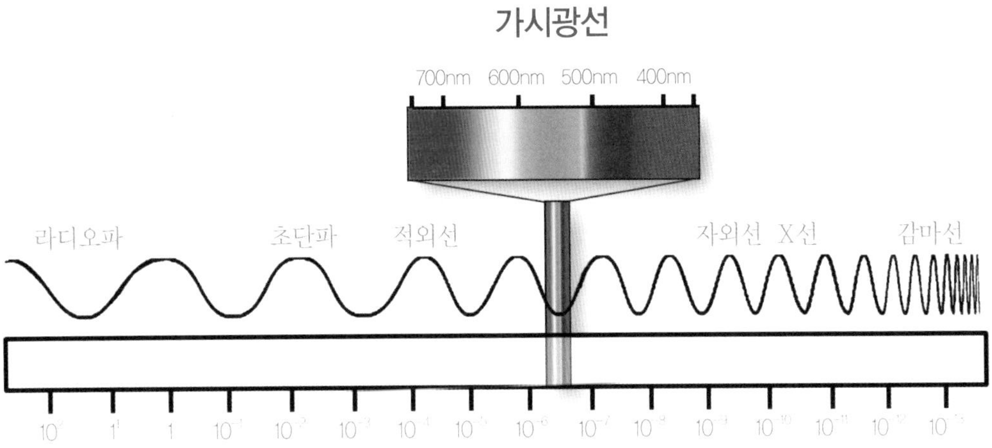

그림 1-2 빛의 파장

파장은 파도와 비슷합니다. 파장은 파도처럼 위아래로 움직이는 것을 말합니다. 그리고 이런 빛은 전기와 같은 것입니다. 빛은 모든 종류의 전자기파인 것이죠.

라인 센서는 들어오는 빛을 전기신호로 바꿔서 아두이노가 이해할 수 있도록 만듭니다. 참 신기하죠?

적외선은 우리 눈으로는 볼 수 없는 긴 파장의 빛이지만 라인 센서의 감지 엘이디(LED)는 적외선 빛을 알아볼 수 있습니다. 파장이 길다는 뜻은 파장에서 높은 곳끼리의 간격이 넓다는 뜻입니다. 〈그림 1-2〉

흰색은 빛을 반사하는 성질이 있습니다. 그림 1-3처럼 적외선을 흰색에 비추면 반사되어 감지 엘이디(LED)가 빛이 들어왔다는 것을 알게 됩니다.

검은색인 경우에는 빛을 흡수해 버리기 때문에 감지 엘이디(LED)로 빛이 들어오지 않습니다.

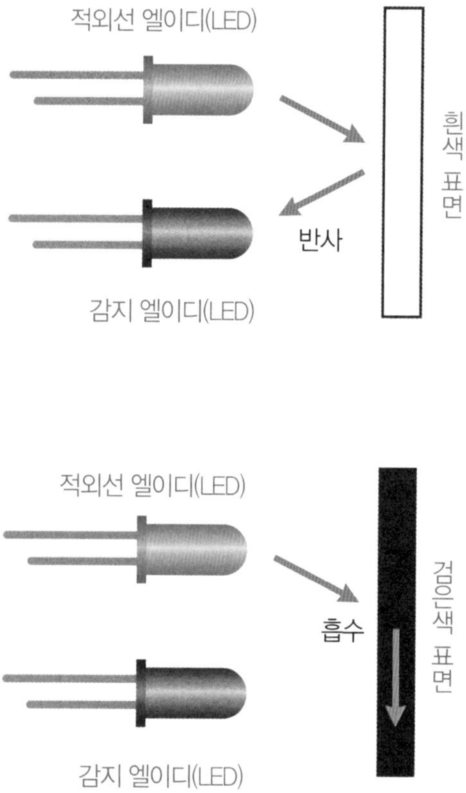

그림 1-3 라인 센서 작동 원리

라인 센서를 아두이노와 연결해서 코딩을 해볼까요?

준비물을 살펴봅시다.

준비물

- 아두이노 보드 1개
- USB 케이블 1개
- 라인 센서 2개
- 미니 브레드보드 1개
- 점퍼케이블 암-수 6개, 수-수 4개
- 피에조 부저 1개 (1권 부품)
- 흰색 종이(10cm×10cm), 검은색 종이(8cm×2cm)

라인 센서에는 4개의 핀이 있습니다. VCC, GND, DO, AO가 바로 그것이죠.

- VCC는 볼티지 오브 커먼 콜렉터(Voltage of Common Collector)란 뜻인데 5V 전원과 연결합니다. V가 있으니 5V 전원과 연결한다고 기억하면 좋습니다. 플러스 극이라고 생각하면 됩니다.
- GND는 그라운드(Ground)로 1편에서 배운 내용입니다. 아두이노의 그라운드 핀(GND)과 연결합니다. GND는 마이너스 극이라고 생각하면 됩니다.
- DO는 디지털 아웃풋(Digital Output)입니다. 이 핀에서 라인 센서의 디지털 값을 보냅니다.
- AO는 아날로그 아웃풋(Analog Output)입니다. 이 핀에서 라인 센서의 아날로그 값을 보냅니다. 여기에서는 사용하지 않습니다.

라인 센서에서 파란색 엘이디(LED)는 빛이 나가는 적외선 엘이디(LED)입니다. 검은색 엘이디(LED)는 빛이 들어오는 것을 확인하는 감지 엘이디(LED)입니다.

라인 센서의 앞쪽에는 전원이 들어오면 켜지는 전원 표시 엘이디(LED)가 있습니다. 그리고 빛이 들어온 것을 확인했을 때 켜지는 감지 표시 엘이디(LED)가 있습니다. 또한, 센서의 민감도를 바꾸는 저항이 있습니다. 드라이버로 돌려서 센서의 민감도를 바꿀 수 있습니다.

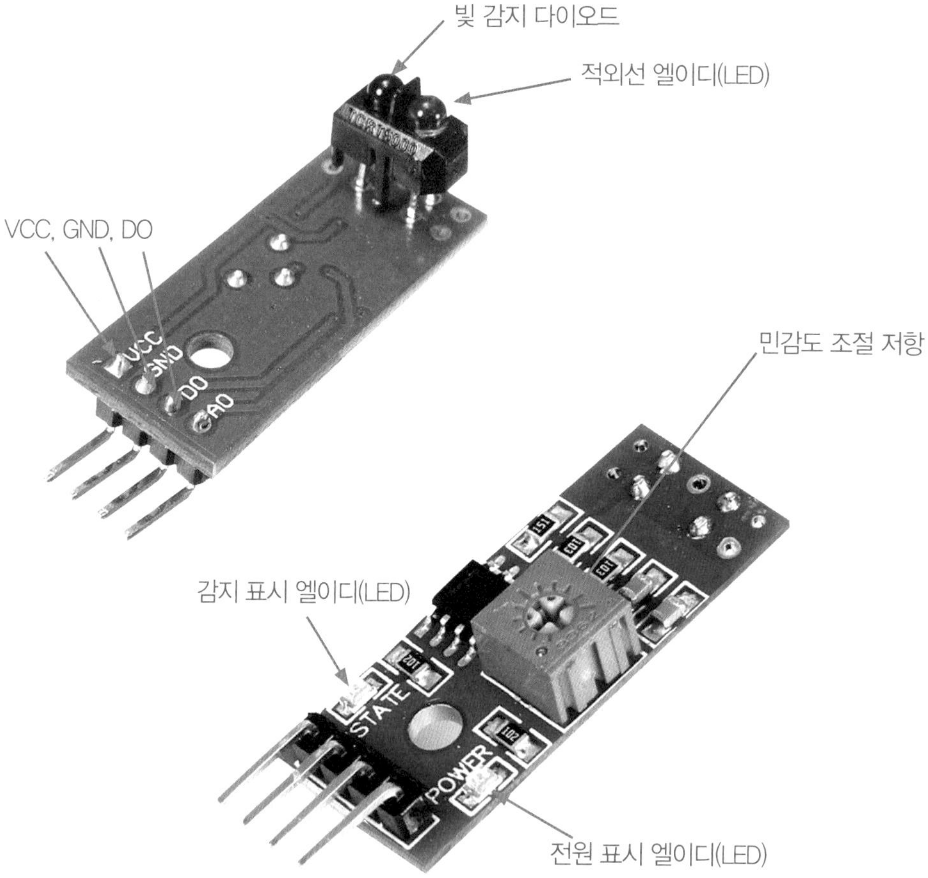

그림 1-4 라인 센서 앞면과 뒷면

라인 센서에 핀이 나와 있습니다. 이렇게 나와 있는 핀과 아두이노를 연결하기 위해서는 암-수 점퍼 케이블이 필요합니다.

1편에서 배운 내용을 복습하겠습니다. 암-수는 암컷과 수컷을 의미합니다. 케이블에서 구멍이 있는 것은 암, 핀이 있는 것은 수라고 합니다.

어때요? 참 쉽죠?

그리고 1편에서 배웠던 브레드보드를 다시 살펴보겠습니다.

가로 방향으로 같은 줄에 있는 5개의 구멍은 서로 연결되어 있습니다. 브레드보드 뒷면을 보면 전기가 잘 통하는 금속판을 볼 수 있습니다.

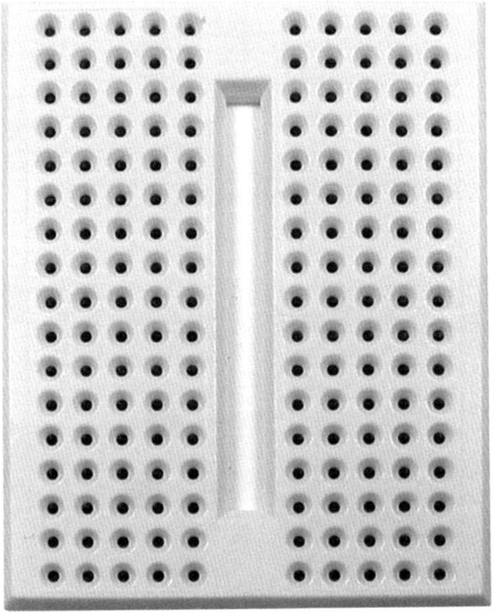

앞면

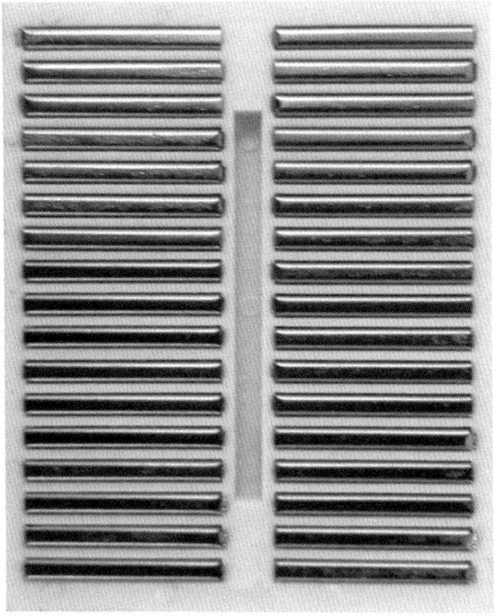

뒷면 내부

그림 1-5 브레드보드

브레드보드는 전자부품을 쉽게 연결하기 위해서 만든 도구입니다. 원래는 납을 뜨겁게 녹여서 전자부품을 연결해야 합니다. 납땜을 할 때는 인두기라는 도구를 사용해야 합니다. 인두기가 뜨거워지면 납을 녹입니다. 인두기는 위험하기도 하고 한 번 납땜한 부품은 다른 곳에 다시 사용할 수 없습니다. 하지만 브레드보드를 사용하면 이렇게 힘들게 납땜을 하지 않아도 됩니다.

라인 트랙 자동차를 만들기 위해서 작은 브레드보드를 사용하겠습니다. 브레드보드를 이용하여 라인 센서와 아두이노를 연결합니다. 5V에서 나온 전압이 라인 센서를 지나서 GND로 잘 들어오는지 확인합니다.

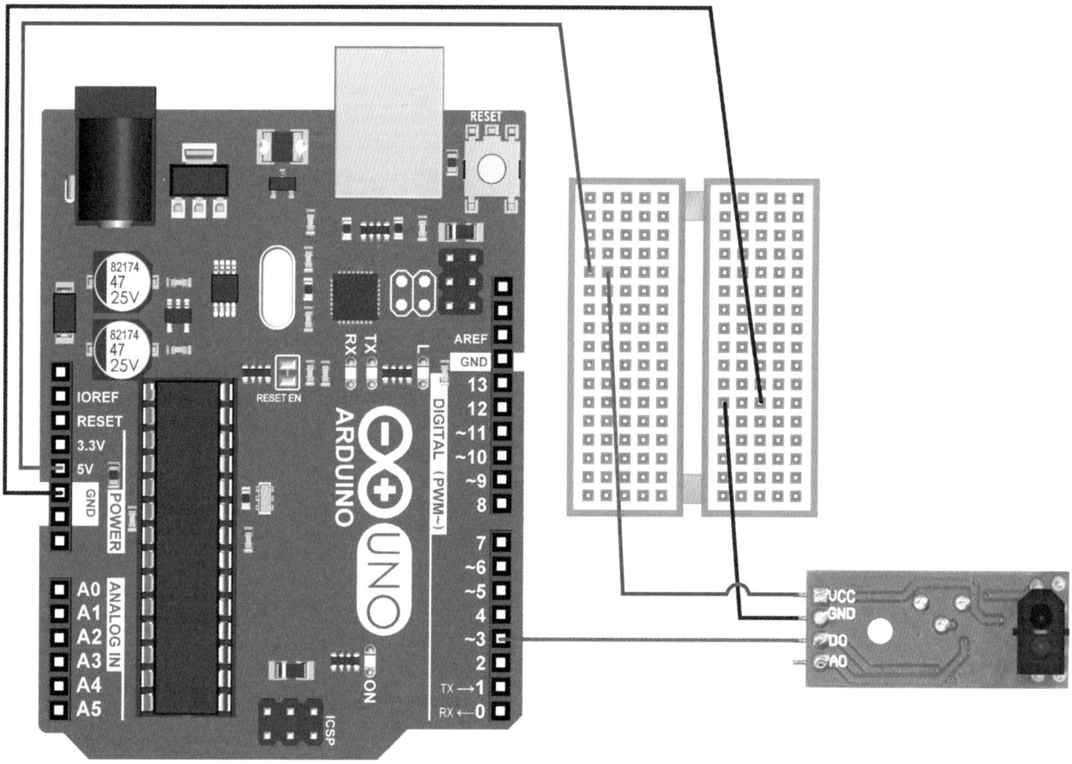

그림 1-6 라인 센서 1개 연결 회로

라인 센서의 VCC는 아두이노의 5V 전원 핀과 연결합니다. 라인 센서의 GND는 아두이노의 GND 핀과 연결합니다. 그리고 DO는 아두이노 디지털 3번 핀과 연결합니다. 라인 센서의 DO 핀에서 디지털 값이 나와 아두이노 디지털 3번 핀으로 들어갑니다. 즉 DO 핀이 디지털 3번 핀에 전압을 주는 겁니다.

그림 1-7과 같이 코딩을 하고 프로그램을 아두이노에 업로딩합니다.

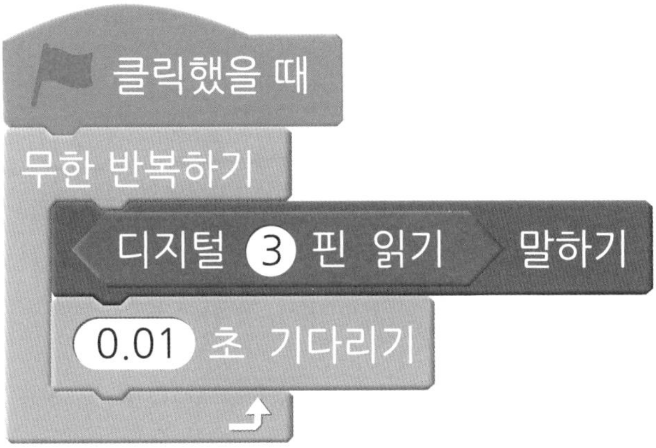
클릭했을 때
무한 반복하기
디지털 3 핀 읽기 말하기
0.01 초 기다리기

그림 1-7 디지털 3번 핀 읽기

연결–펌웨어 업그레이드를 클릭하면 업로딩이 시작됩니다.

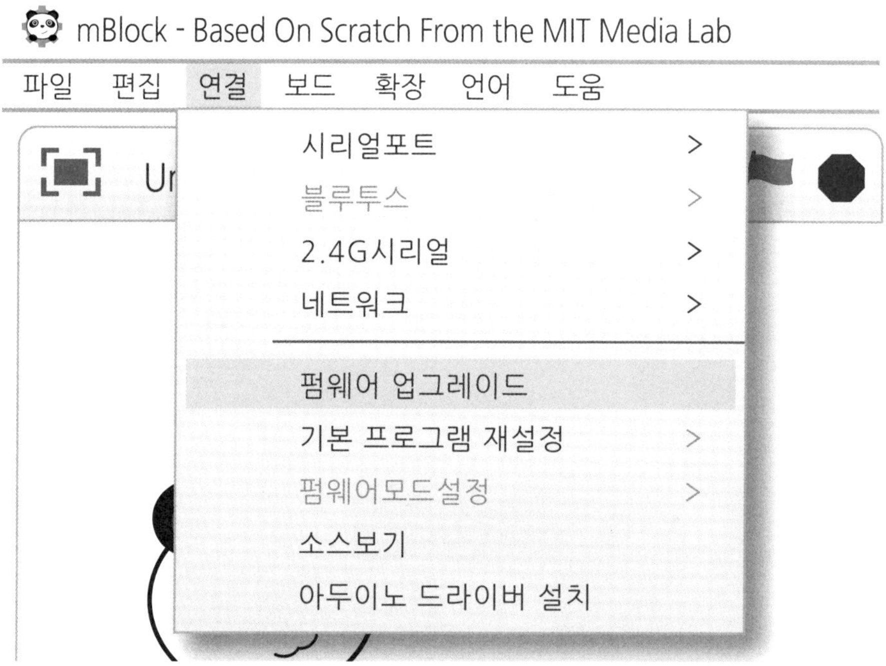

그림 1-8 펌웨어 업그레이드

업로드가 완료되면 초록색 깃발을 클릭합니다. 그리고 곰돌이가 어떻게 말하는지 잘 살펴봅니다.

라인 센서를 하얀색이나 검은색에 가까이 가져가도 곰돌이가 말하는 값이 바뀌지 않는 경우가 있습니다. 즉 곰돌이가 계속 0 또는 1이라고 말하는 것입니다.

이것은 센서의 민감도 때문입니다.

그림 1-9 라인 센서 뒷면

민감도 조절 저항을 부품 상자에 있는 드라이버로 돌려봅시다. 시계 방향으로 끝까지 돌리면 항상 0이라고 말합니다. 즉 라인센서를 어떤 색에 갖다대더라도 항상 흰색이라고 읽게 되는 것입니다.

라인센서가 흰색이라고 읽으면 3번 디지털 핀으로 전압을 주지 않습니다. 그러면 디지털 3번 핀의 값은 0이 되고 곰돌이는 0이라고 말합니다. 그리고 감지 표시 LED에 초록색 불이 들어옵니다.

반대로 시계 반대 방향으로 끝까지 돌리면 항상 1이라고 말합니다. 즉 라인 센서를 어떤 색에 갖다대더라도 항상 검은색이라고 읽게 되는 것입니다. 라인센서가 검은색이라고 읽으면 3번 디지털 핀에 전압을 줍니다. 그러면 디지털 3번의 값은 1이 되고 곰돌이는 1이라고 말합니다. 그리고 감지 표시 LED에 불이 꺼집니다.

센서의 민감도를 바꾸는 방법을 모르면 센서가 고장 났다고 생각할 수 있습니다. 그리고 센서마다 민감도가 다릅니다. 직접 드라이버로 민감도 조절 저항을 돌리고 흰색과 검은색에 가까이 가져가 봅니다. 색깔이 바뀔 때마다 곰돌이가 값을 다르게 말하면 민감도를 잘 맞춘 겁니다.

가로 10cm 세로 10cm 정도 되는 하얀색 종이와 가로 8cm, 세로 2cm 정도의 검은색 테이프나 검은색 종이를 준비합니다. 흰색 종이 가운데 검은색 테이프(또는 검은색 종이)를 그림처럼 붙입니다. 라인 센서를 흰색이나 검은색에 가까이 가져가 봅시다. 어떻게 되나요? 곰돌이가 말하는 값이 변하나요?

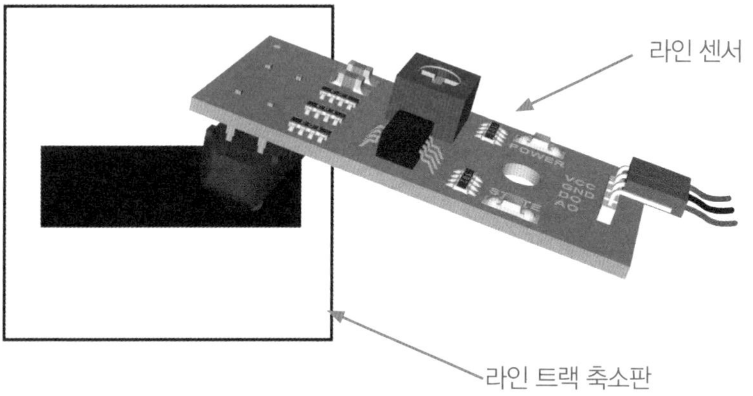

그림 1-10 라인 센서와 라인 트랙 축소판

그림 1-11 흰색을 읽었을 때

어때요? 참 쉽죠? 아두이노로 코딩을 하기 위해서는 이런 전자회로 지식을 잘 알고 있어야 합니다. 이렇게 하나씩 전자회로에 대한 지식을 배운다면 아두이노로 더욱 멋진 작품을 만들 수 있습니다.

이제 라인 센서가 흰색 읽으면 아두이노에 있는 엘이디를 끄고 검은색이면 엘이디를 켜는 프로그램을 만들어보겠습니다. 〈그림 1-13〉

우선 값을 저장할 수 있도록 변수를 하나 만들겠습니다. 〈데이터&추가블록〉 모음을 클릭합니다. 그리고 〈변수 만들기〉를 클릭합니다. 검은색이라는 변수를 하나 만듭니다.

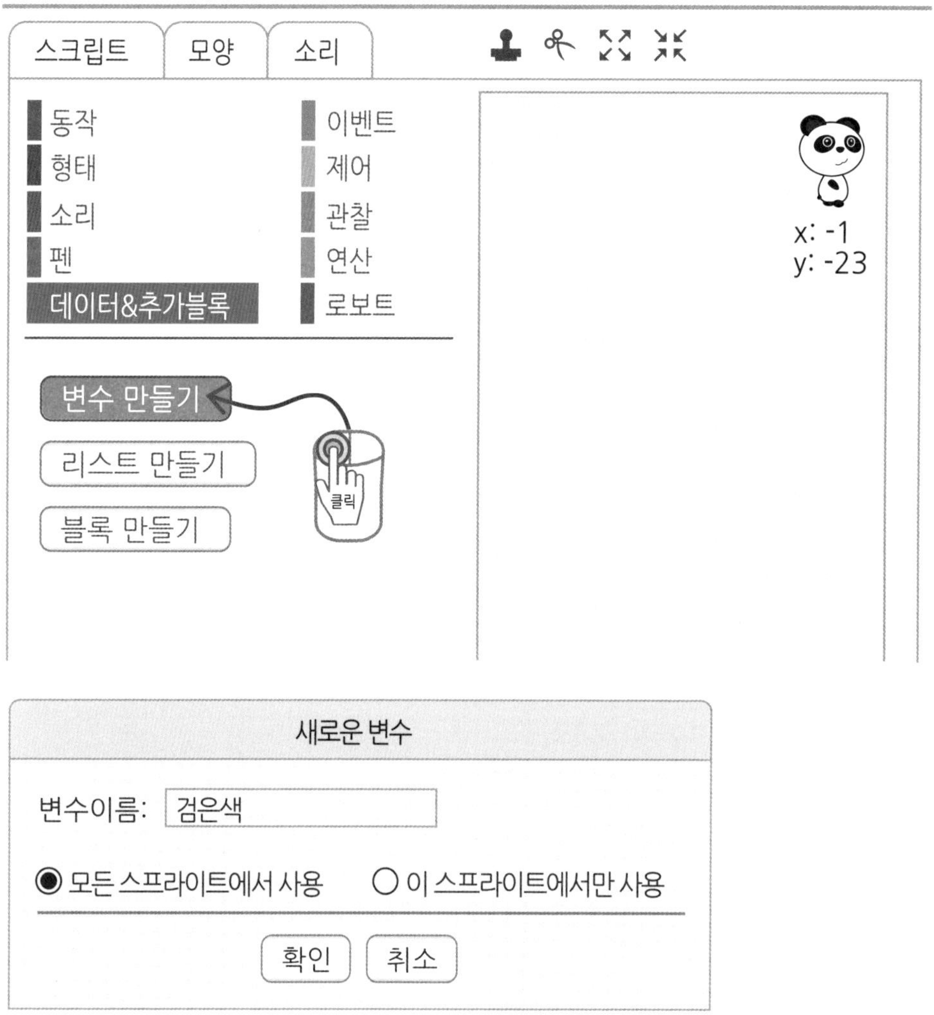

그림 1-12 변수 만들기

검은색 변수 값이 1이라는 것은 라인 센서가 검은색을 읽었다는 뜻입니다. 이 조건을 만족시키면 검은색 변수 값을 말합니다. 그리고 아두이노 보드에 있는 엘이디(LED)를 켭니다. 아두이노 보드에 있는 엘이디(LED)는 13번 핀과 연결되어 있습니다. 그래서 13번 핀에 전압을 주면(켜짐) 엘이디(LED)가 켜집니다. 그리고 조금 기다리라고 0.02초 **기다리기** 명령어를 넣었습니다.

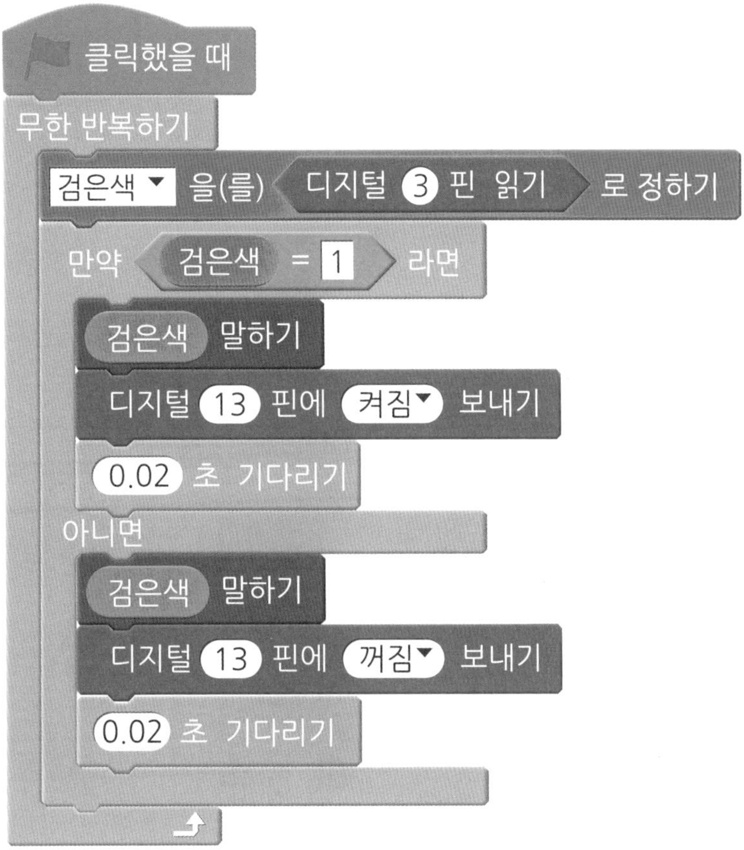
클릭했을 때
무한 반복하기
검은색 을(를) 디지털 3 핀 읽기 로 정하기
만약 검은색 = 1 라면
검은색 말하기
디지털 13 핀에 켜짐 보내기
0.02 초 기다리기
아니면
검은색 말하기
디지털 13 핀에 꺼짐 보내기
0.02 초 기다리기

그림 1-13 검은색을 읽으면 엘이디(LED)켜기

만약 라인 센서가 흰색을 읽었다면 검은색 변수 값에 0이 저장됩니다. 그러면 검은색 변수 값이 1이라는 조건을 만족시키지 못합니다. 따라서 〈아니면〉 블록 안에 있는 명령어를 실행합니다. 우선 검은색 변수의 값을 말합니다. 그리고 디지털 13번 핀에 전압을 주지 않아서(꺼짐) 엘이디(LED)가 꺼집니다. 〈그림 1-13〉

2 라인 센서로 소리를 만들어요

이제 라인 센서 2개를 이용하여 다양한 소리를 내는 프로그램을 만들겠습니다.

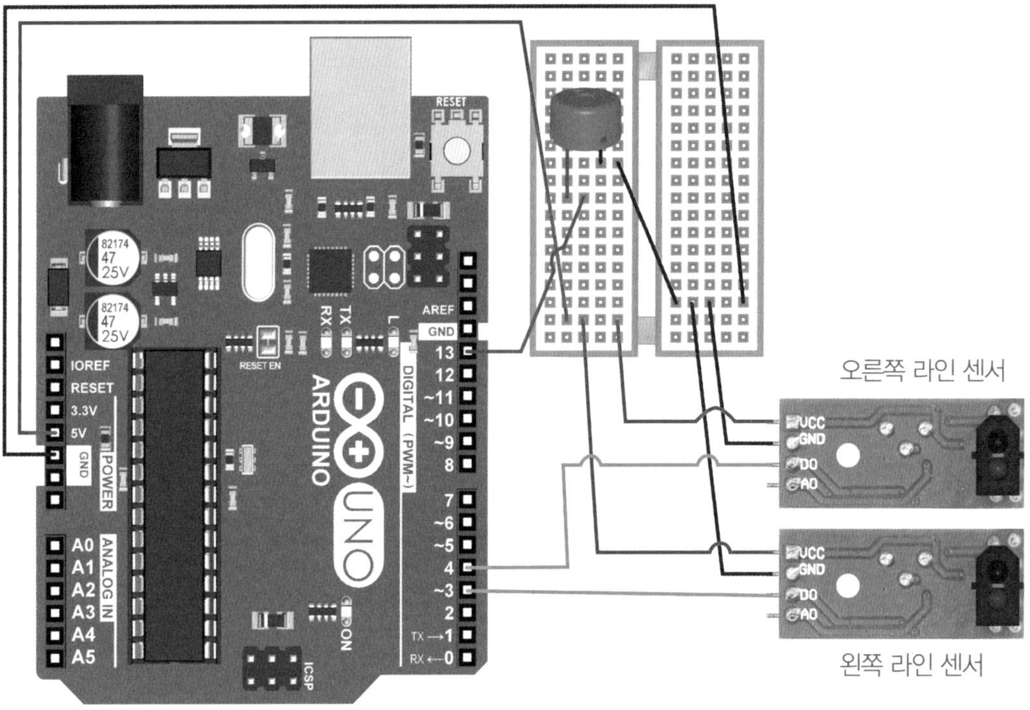

그림 1-14 라인 센서 2개 연결 회로

첫 번째 라인 센서는 디지털 3번 핀과 연결했습니다. 두 번째 라인 센서는 디지털 4번 핀과 연결합니다.

소리를 내기 위해서는 피에조 부저가 필요합니다. 피에조 부저는 1편에 있는 부품입니다. 피에조 부저는 안에 얇은 막이 있어서 전기를 주면 떨리면서 소리가 납니다. 피에조 부저를 디지털 13핀과 연결합니다. 만약 피에조 부조에서 소리가 잘 나지 않는다면 피에조 부조의 다리 위치를 서로 바꿔서 회로에 연결합니다.

라인 센서 2개로 총 몇 가지 경우의 소리를 만들 수 있을까요? 정답은 4가지입니다. 라인 센서 하나가 각각 2가지 값을 보낼 수 있기 때문입니다.

다음 표를 보면 이해가 잘 될 것입니다.

경우	첫 번째 라인 센서	두 번째 라인 센서
1	검은색(1 값)	검은색(1 값)
2	검은색(1 값)	흰색(0 값)
3	흰색(0 값)	검은색(1 값)
4	흰색(0 값)	흰색(0 값)

이 4가지 경우를 이용하여 다양한 소리를 내도록 코딩을 해보겠습니다.

피에조 부저에서 소리가 나오게 하려면 〈톤〉 블록 명령어를 사용해야 합니다.

톤 13 핀을 C4 음, 1/2 박자로 소리내기

그림 1-15 〈톤〉 블록 명령어

삼각형 표시가 있는 것을 보니 고를 수 있는 것이 여러 개 있다는 것을 알 수 있습니다. 주파수를 바꿔서 소리를 다양하게 낼 수 있습니다. 가운데 C4가 있는 곳에 주파수 값을 넣으면 됩니다. 1번부터 4번까지 어떤 소리를 낼지 표로 정리했습니다.

경우	첫 번째 라인 센서	두 번째 라인 센서	주파수
1	검은색(1 값)	검은색(1 값)	C3(도)
2	검은색(1 값)	흰색(0 값)	D3(레)
3	흰색(0 값)	검은색(1 값)	E3(미)
4	흰색(0 값)	흰색(0 값)	F3(파)

우선 1번 경우를 코딩해보겠습니다. 한 번에 한 가지 문제만 해결한다는 것! 반드시 기억하세요. 1편에서 배웠던 **또는**과 **그리고** 명령어를 사용하겠습니다.

첫 번째 라인 센서와 두 번째 라인 센서 모두 검은색 값을 읽을 때 C3(도) 소리가 납니다. 따라서 **그리고** 명령어를 사용해야 합니다. 2가지 조건을 모두 만족해야 하기 때문입니다. 그리고 변수를 사용해서 정확히 어떤 값인지 이해하기 쉽게 합니다. 변수는 2개 만드는데 하나는 첫 번째 라인 센서이고 다른 하나는 두 번째 라인 센서입니다. 디지털 3번 핀에서 읽은 값은 첫 번째 라인 센서 변수에 저장합니다. 디지털 4번 핀에서 읽은 값은 두 번째 라인 센서 변수에 저장합니다.

첫 번째 라인 센서 변수 값이 1이고(검은색) 두 번째 라인 센서 변수 값도 1이면(검은색) 피에조 부저에서 C3(도) 소리가 나도록 코딩을 합니다. 〈그림 1-16〉

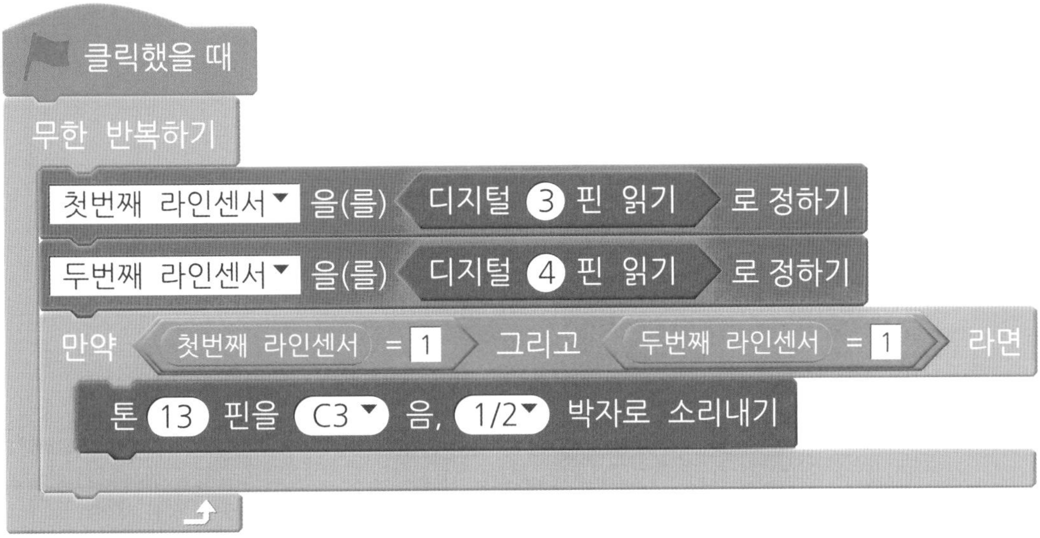
클릭했을 때
무한 반복하기
첫번째 라인센서 을(를) 디지털 3 핀 읽기 로 정하기
두번째 라인센서 을(를) 디지털 4 핀 읽기 로 정하기
만약 첫번째 라인센서 = 1 그리고 두번째 라인센서 = 1 라면
톤 13 핀을 C3 음, 1/2 박자로 소리내기

그림 1-16 라인센서 둘 다 검정색을 읽었을 때 소리내기

프로그램을 만들고 잘 되는지 확인합니다. 어때요? 참 쉽죠?

그럼 두 번째 경우도 코딩해 보겠습니다. 〈그림 1-17〉 처음 만들었던 프로그램에서 조금만 바꾸면 되지 않을까요? 2번 경우에는 D3(레) 소리를 냅니다.

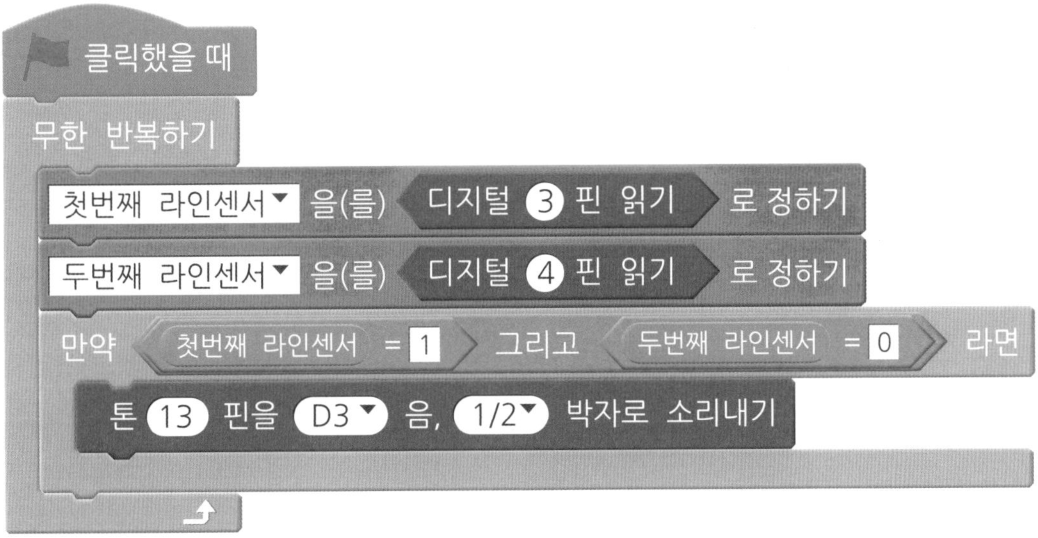
클릭했을 때
무한 반복하기
첫번째 라인센서 을(를) 디지털 3 핀 읽기 로 정하기
두번째 라인센서 을(를) 디지털 4 핀 읽기 로 정하기
만약 첫번째 라인센서 = 1 그리고 두번째 라인센서 = 0 라면
톤 13 핀을 D3 음, 1/2 박자로 소리내기

그림 1-17 왼쪽 라인센서만 검정색을 읽었을 때 소리내기

나머지 경우도 쉽게 만들 수 있습니다. 그리고 만들었던 프로그램을 잘 연결하면 우리가 원하는 프로그램을 만들 수 있습니다. 〈그림 1-18〉

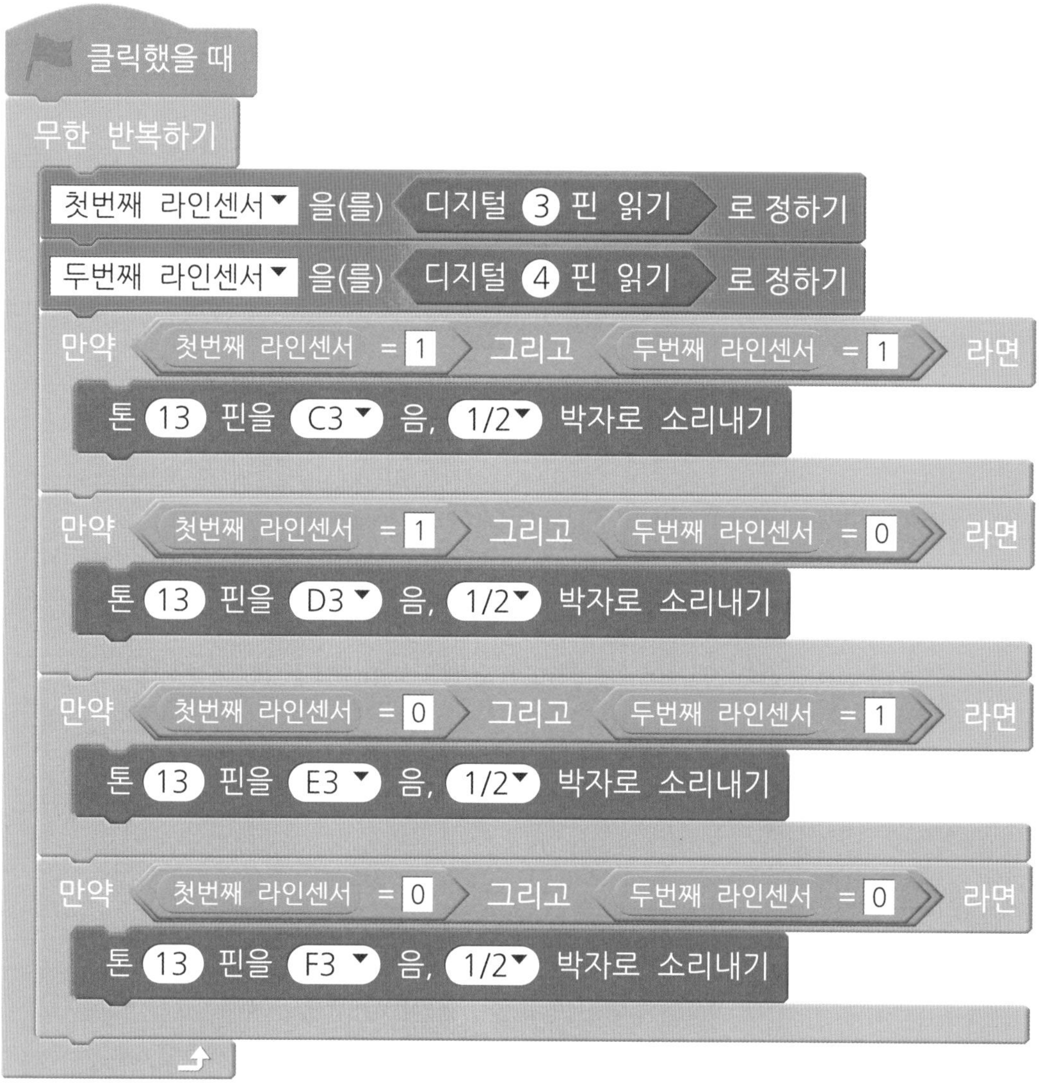
클릭했을 때
무한 반복하기
첫번째 라인센서 을(를) 디지털 3 핀 읽기 로 정하기
두번째 라인센서 을(를) 디지털 4 핀 읽기 로 정하기
만약 첫번째 라인센서 = 1 그리고 두번째 라인센서 = 1 라면
톤 13 핀을 C3 음, 1/2 박자로 소리내기
만약 첫번째 라인센서 = 1 그리고 두번째 라인센서 = 0 라면
톤 13 핀을 D3 음, 1/2 박자로 소리내기
만약 첫번째 라인센서 = 0 그리고 두번째 라인센서 = 1 라면
톤 13 핀을 E3 음, 1/2 박자로 소리내기
만약 첫번째 라인센서 = 0 그리고 두번째 라인센서 = 0 라면
톤 13 핀을 F3 음, 1/2 박자로 소리내기

그림 1-18 2개의 라인센서로 서로 다른 소리내기

코딩이 끝났습니다. 그런데 더 깔끔하게 코딩할 수 없을까요? 무엇을 이용하면 될까요? 바로 함수입니다. 〈그림 1-19〉

정의하기 1번 경우
만약 첫번째 라인센서 = 1 그리고 두번째 라인센서 = 1 라면
톤 13 핀을 C3 음, 1/2 박자로 소리내기

그림 1-19 1번 경우를 함수로 만들기

〈1번 경우〉라는 함수를 만들어서 1번 경우일 때 C3(도) 음이 나도록 코딩을 합니다. 다른 경우도 마찬가지입니다.

그러면 그림 1-20과 같이 깔끔하게 코딩을 할 수 있습니다.

클릭했을 때
무한 반복하기
1번 경우
2번 경우
3번 경우
4번 경우

그림 1-20 함수로 소리내는 프로그램 만들기

만약 4번인 경우에 G3(솔) 음이 나게 하려면 그림 1-21처럼 〈4번 경우〉 함수만 바꾸면 됩니다.

정의하기 4번 경우
만약 첫번째 라인센서 = 0 그리고 두번째 라인센서 = 0 라면
톤 13 핀을 G3 음, 1/2 박자로 소리내기

그림 1-21 함수를 이용하여 쉽게 프로그램 바꾸기

함수를 잘 쓰면 아주 편하게 코딩을 할 수 있습니다. 우리를 도와주는 멋진 함수! 머릿속에 꼭 기억해주세요.

그림 1-22와 같이 검은색 선을 가운데 둡니다. 그리고 라인 센서 2개를 움직이면서 멋진 음악을 만들어보세요.

그림 1-22 라인 센서 2개로 음악 만들기

3 라인 센서로 게임 만들기 1

라인 센서 2개로 게임을 만들어 보겠습니다. 위에서 떨어지는 오렌지를 피하는 게임을 만들겠습니다. 〈그림 1-23〉

그림 1-23 오렌지를 피하는 게임

오렌지가 위에서 떨어지고 곰돌이가 왼쪽이나 오른쪽으로 움직여서 오렌지를 피하는 게임입니다. 첫 번째 라인 센서를 검은색에 가까이 대면 곰돌이가 왼쪽으로 움직입니다. 두 번째 라인 센서를 검은색에 가까이 대면 곰돌이가 오른쪽으로 움직입니다. 그리고 오렌지는 위에서 아래로 떨어집니다.

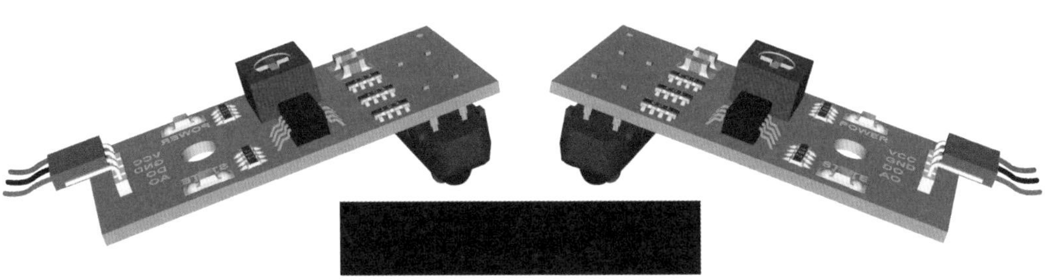

그림 1-24 2개의 라인센서와 검은색 선

문제를 하나씩 해결합시다.

우선 첫 번째 라인 센서를 이용해서 곰돌이가 왼쪽으로 움직이게 합니다.

첫 번째 라인 센서라는 블록을 만들고 디지털 3번 핀에 들어온 값을 읽어서 저장합니다. 이 값이 1이면(검은색을 읽었으면) 왼쪽으로 이동합니다.

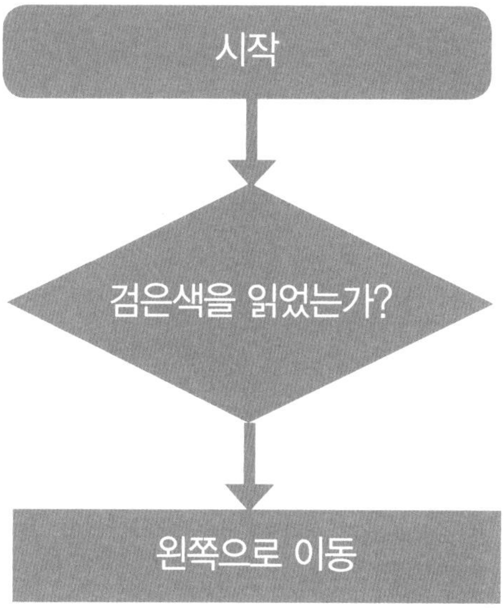

다시 한번 좌표의 뜻을 알아봅시다. 좌표는 어떤 기준점에서 얼마나 떨어졌는가를 나타내는 것입니다. 스크래치에서는 무대 한가운데가 기준점입니다. 한가운데에서는 x좌표가 0, y좌표가 0입니다. 그리고 왼쪽 오른쪽으로 움직이는 것을 x좌표가 변한다고 표현합니다. 그리고 위아래로 움직이는 것을 y좌표가 변한다고 표현합니다. 무대의 크기는 가로 480이고 세로 360입니다. 정확히 가운데를 기준으로 왼쪽으로 240, 오른쪽으로 240까지 움직일 수 있습니다. 그리고 위쪽으로 180, 아래쪽으로 180까지 움직일 수 있습니다. 〈그림 1-25〉

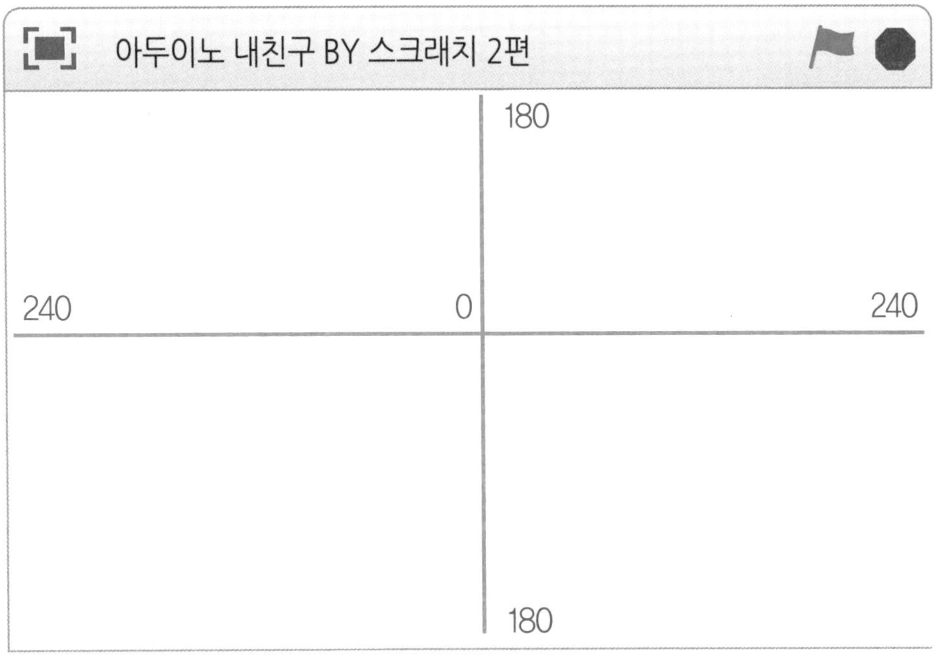

그림 1-25 스크래치 무대 화면 크기

스프라이트가 왼쪽으로 움직이려면 x좌표 값이 점점 작아지면 됩니다. 스프라이트의 x좌표 값에서 어떤 값을 빼면 됩니다. 〈그림 1-26〉

그림 1-26 왼쪽으로 이동하기

–1 만큼 바꾼다는 것은 1씩 뺀다는 뜻입니다. 계속 1씩 빼면 스프라이트가 왼쪽으로 이동합니다. 이제 배운 내용을 이용해서 코딩을 해봅시다. 〈그림 1-27〉

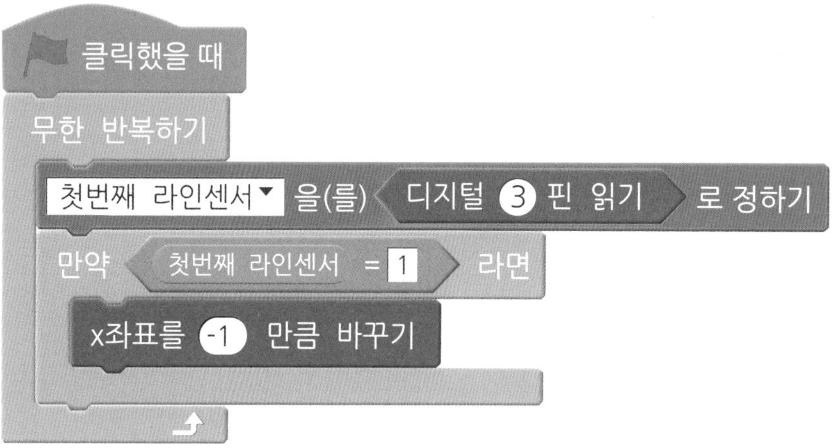
클릭했을 때
무한 반복하기
첫번째 라인센서 을(를) 디지털 3 핀 읽기 로 정하기
만약 첫번째 라인센서 = 1 라면
x좌표를 -1 만큼 바꾸기

그림 1-27 왼쪽 라인센서가 검은색을 읽었을 때 왼쪽으로 이동하기

프로그램이 잘 작동되는지 확인해봅시다.

아두이노 내친구 BY 스크래치 2편
첫번째 라인센서 1

그림 1-28 왼쪽으로 이동하는 곰돌이

라인 센서를 검은색에 가까이 대면 첫 번째 라인 센서 변수 값이 1이 되고 왼쪽으로 움직입니다. 그런데 너무 천천히 움직입니다.

어떻게 하면 될까요? 그림 1-29처럼 더 큰 수를 빼면 되겠죠?

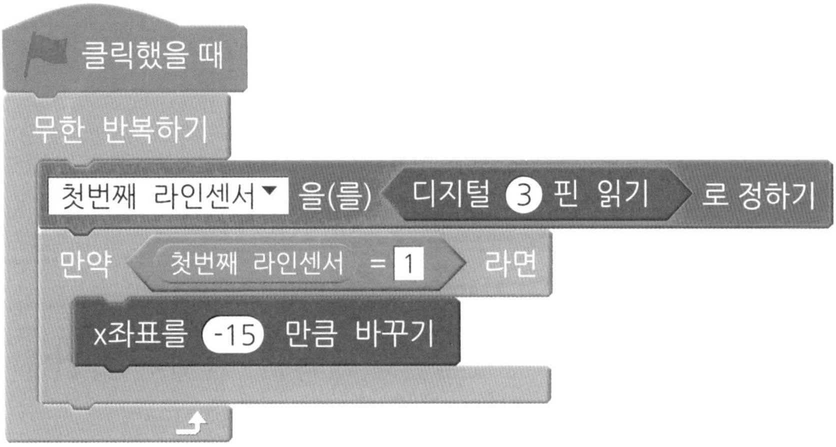
클릭했을 때
무한 반복하기
첫번째 라인센서 을(를) 디지털 3 핀 읽기 로 정하기
만약 첫번째 라인센서 = 1 라면
x좌표를 -15 만큼 바꾸기

그림 1-29 더 빨리 움직이기

–15씩 바꾸면 더 빨리 움직입니다. 그런데 곰돌이가 계속 움직이다가 왼쪽 무대 밖으로 나갔습니다. 〈그림 1-30〉

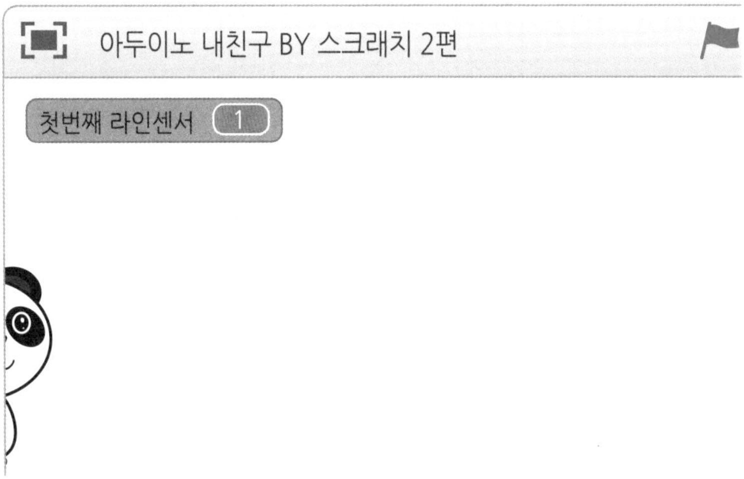
아두이노 내친구 BY 스크래치 2편
첫번째 라인센서 1

그림 1-30 더 빨리 움직이는 곰돌이

곰돌이가 무대 밖으로 나가지 않게 해야 합니다. 어떻게 해야 할까요? 곰돌이가 움직일 수 있는 범위를 정하면 됩니다. 곰돌이는 왼쪽으로는 –240, 오른쪽으로는 +240까지 움직일 수 있습니다.

"곰돌아 ~, 너는 여기까지만 움직일 수 있어."라고 명령을 내립니다. 즉 곰돌이의 x좌표가 어떤 값보다 클 때까지만 왼쪽으로 움직이게 만듭니다.

곰돌이가 가장 왼쪽으로 갔을 때 어디까지 갈 수 있는지 곰돌이를 움직여서 확인합니다. 그리고 곰돌이의 가운데에 마우스를 갖다 대면 무대 오른쪽 아래에 좌표값이 보입니다. 이 책에서는 곰돌이의 x좌표가 –195보다 크면 왼쪽으로 움직이도록 코딩을 하겠습니다. 즉 두 가지 조건을 동시에 만족해야 합니다. 첫 번째 라인 센서 값이 1이고 곰돌이의 x좌표가 –195보다 커야 합니다. 〈그림 1–31〉

그림 1–31 x좌표의 값이 –195보다 클 때

클릭했을 때
무한 반복하기
첫번째 라인센서 을(를) 디지털 3 핀 읽기 로 정하기
만약 첫번째 라인센서 = 1 그리고 x좌표 > -195 라면
x좌표를 -15 만큼 바꾸기

그림 1-32 x좌표가 –195보다 클 때만 왼쪽으로 이동하기

어때요 잘 움직이나요?

두 번째 라인 센서를 이용하여 곰돌이가 오른쪽으로 움직이도록 코딩을 하겠습니다. 쉽게 할 수 있겠죠?

클릭했을 때
무한 반복하기
두번째 라인센서 을(를) 디지털 4 핀 읽기 로 정하기
만약 두번째 라인센서 = 1 그리고 x좌표 < 200 라면
x좌표를 15 만큼 바꾸기

그림 1-33 x좌표가 200보다 작을 때만 오른쪽으로 이동하기

그림 1-33처럼 디지털 4번 핀의 값을 읽어서 두 번째 라인 센서 변수에 저장합니다. 그리고 두 번째 라인 센서 값이 1이고(검은색을 읽었다면) 곰돌이의 x좌표가 200보다 작으면 오른쪽으로 움직입니다.

이제 그림 1-34처럼 이 두 개의 프로그램을 연결하면 됩니다.

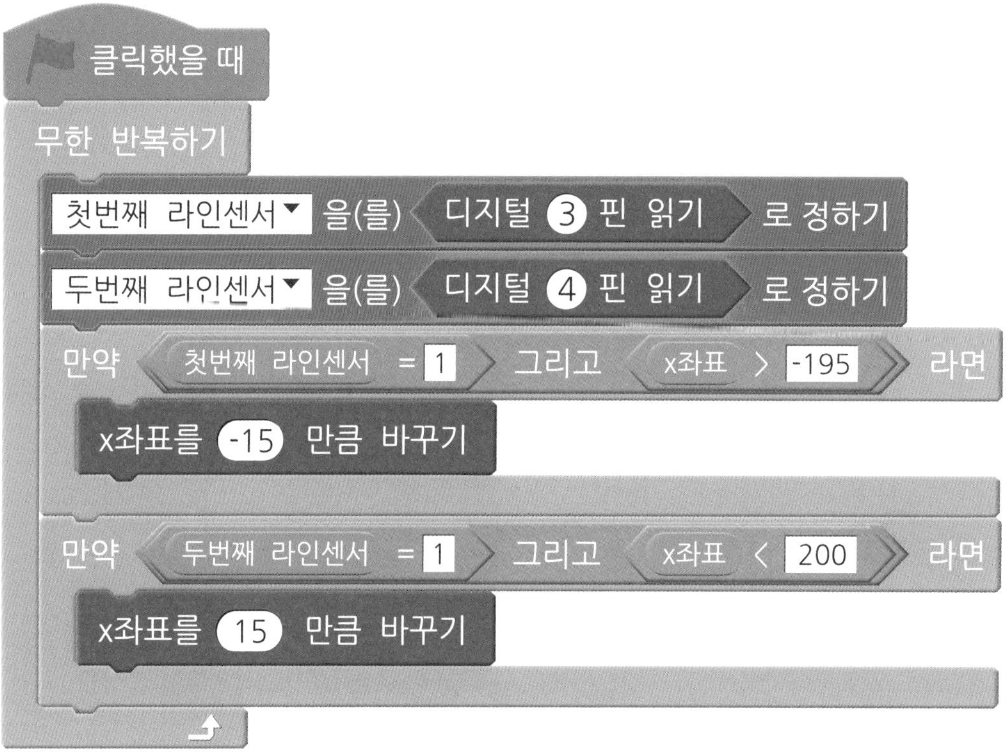
클릭했을 때
무한 반복하기
첫번째 라인센서 을(를) 디지털 3 핀 읽기 로 정하기
두번째 라인센서 을(를) 디지털 4 핀 읽기 로 정하기
만약 첫번째 라인센서 = 1 그리고 x좌표 > -195 라면
x좌표를 -15 만큼 바꾸기
만약 두번째 라인센서 = 1 그리고 x좌표 < 200 라면
x좌표를 15 만큼 바꾸기

그림 1-34 라인센서가 읽는 값에 따라 왼쪽-오른쪽으로 이동하기

그리고 오렌지가 위에서 아래로 떨어지도록 코딩을 하겠습니다.

우선 오렌지 스프라이트를 가져옵니다. 그림 1-35처럼 도깨비 모양의 스프라이트 버튼을 클릭합니다.

그리고 스프라이트 도서관에서 오렌지를 가져옵니다.

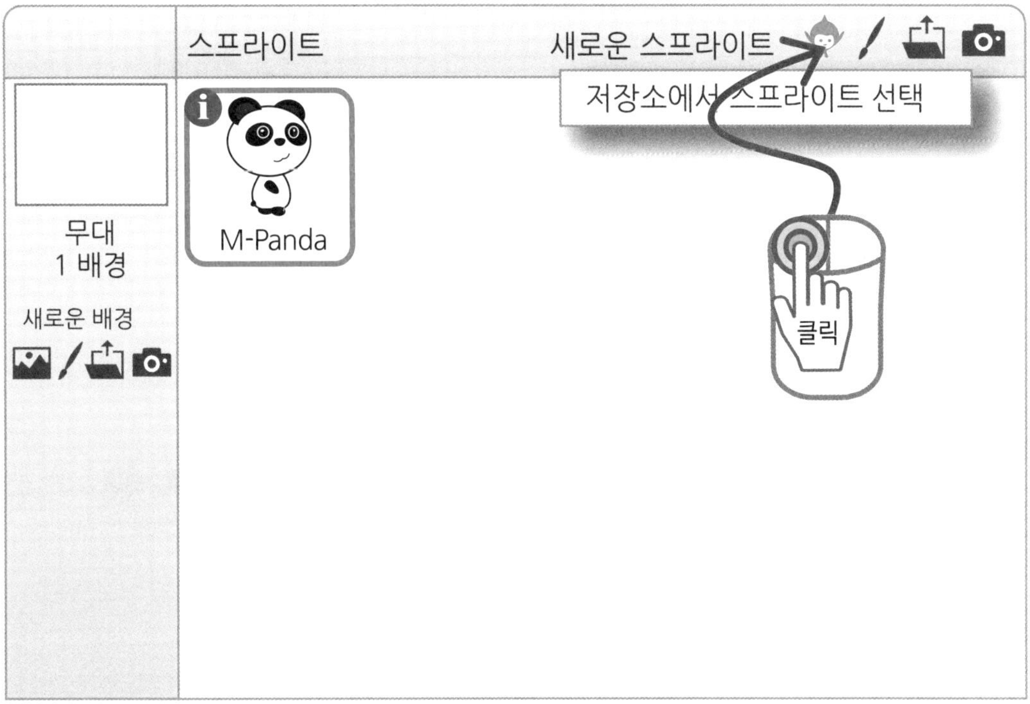

그림 1-35 스프라이트 선택하기

도깨비 모양의 버튼을 클릭하면 스프라이트 도서관이 열립니다. 도서관에서 책을 가져오듯이 오렌지 스프라이트를 가져오면 됩니다.

스프라이트 도서관에서 오렌지를 찾아서 더블클릭합니다.

그림 1-36 스프라이트 도서관(라이브러리)

그림 그림 1-37처럼 무대에 오렌지 스프라이트가 생긴 것을 볼 수 있습니다.

그림 1-37 오렌지 넣기

오렌지를 위에다 둡니다. 곰돌이를 왼쪽 오른쪽으로 움직인 것처럼 오렌지를 아래쪽으로 움직입니다. 오렌지의 y좌표가 −180보다 크면 y좌표를 −10만큼 바꿔서 오렌지가 점점 아래로 움직이게 합니다. 그리고 y좌표가 −180보다 더 내려가면 다시 위로 올라가면 됩니다. 〈그림 1-38〉

그림 1-38 위에서 떨어지는 오렌지

어떻게 코딩하면 될까요?

만약 ~아니면 명령어를 이용하면 쉽게 코딩할 수 있습니다. 〈그림 1-39〉

y좌표가 -180보다 크다는 조건을 만족시키지 않는다면 오렌지가 바닥으로 더 내려갔다는 뜻입니다. 그래서 다시 위로 올라가게 하기 위해서 오렌지의 y좌표의 값을 180으로 정합니다.

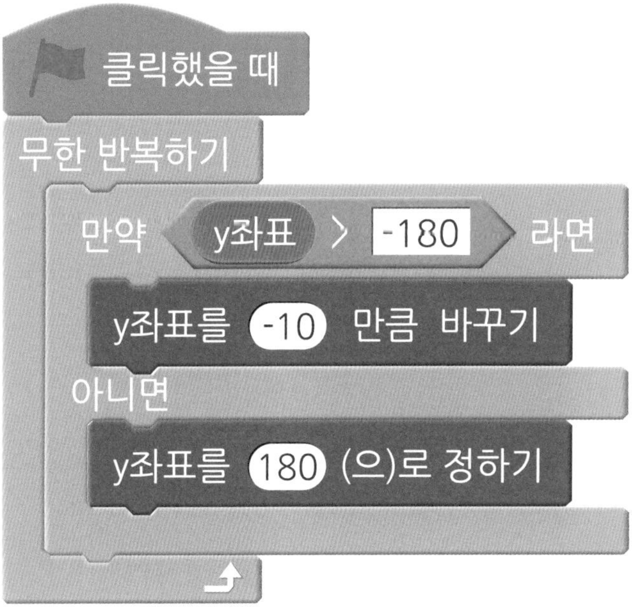
클릭했을 때
무한 반복하기
만약 y좌표 > -180 라면
y좌표를 -10 만큼 바꾸기
아니면
y좌표를 180 (으)로 정하기

그림 1-39 떨어지는 오렌지 코딩하기

그러면 그림 1-40처럼 위로 쓩하고 올라갑니다.

그림 1-40 위로 올라가는 오렌지

오렌지 피하기 게임에서 가장 기본적인 것을 만들었습니다.

이제 게임을 더욱 재미있게 만들어봅시다.

4 라인 센서로 게임 만들기 2

오렌지가 위에서 아래로 계속 떨어지게 코딩을 했습니다. 그런데 계속 똑같은 자리에서 떨어집니다. 오렌지가 왼쪽 오른쪽 위치를 바꿔서 떨어지면 더욱 좋을 것 같습니다.

이럴 때는 난수를 이용하면 됩니다. 어떤 범위에서 아무렇게나 뽑은 수를 난수라고 합니다. -240부터 240까지의 수 중의 하나를 뽑아서 오렌지의 x좌표로 정하면 됩니다. 난수는 〈연산〉 블록 모음에 있습니다.

클릭했을 때
무한 반복하기
만약 y 좌표 > -180 라면
y좌표를 -10 만큼 바꾸기
아니면
y좌표를 180 (으)로 정하기
x좌표를 -240 부터 240 사이의 난수 (으)로 정하기

그림 1-41 난수를 이용하여 오렌지 떨어트리기

그림 1-41처럼 코딩을 하고 잘 되는지 확인해봅니다.

어때요? 잘 되나요?

그림 1-42 떨어지는 오렌지

그리고 곰돌이가 오렌지에 맞으면 게임 끝이라고 말해야겠죠? 그리고 곰돌이가 더는 움직이지 못하도록 만듭니다. 〈그림 1-43〉

즉 움직이라고 만든 스크립트를 멈추는 겁니다.

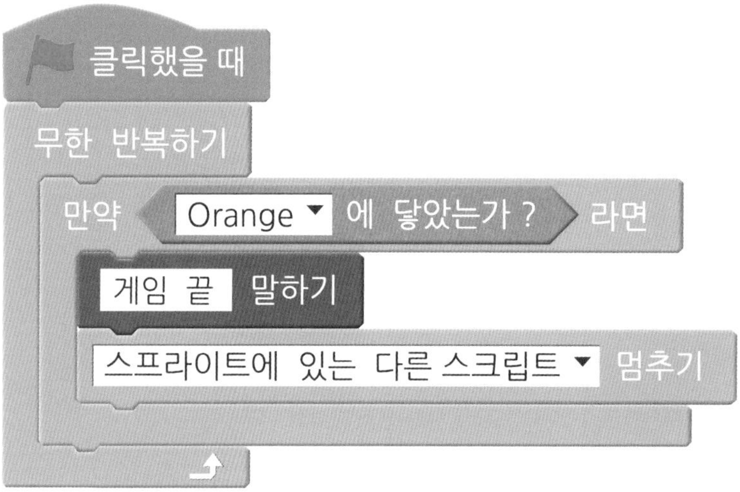
클릭했을 때
무한 반복하기
만약 Orange 에 닿았는가? 라면
게임 끝 말하기
스프라이트에 있는 다른 스크립트 멈추기

그림 1-43 오렌지에 닿았을 때 다른 스크립트 멈추기

오렌지도 곰돌이에 닿으면 멈추게 하고 싶습니다. 스프라이트 고르기 창에서 오렌지를 클릭하고 그림 1-44와 같이 코딩합니다.

곰돌이에 닿으면 오렌지를 움직이게 만드는 스크립트가 멈추게 됩니다.

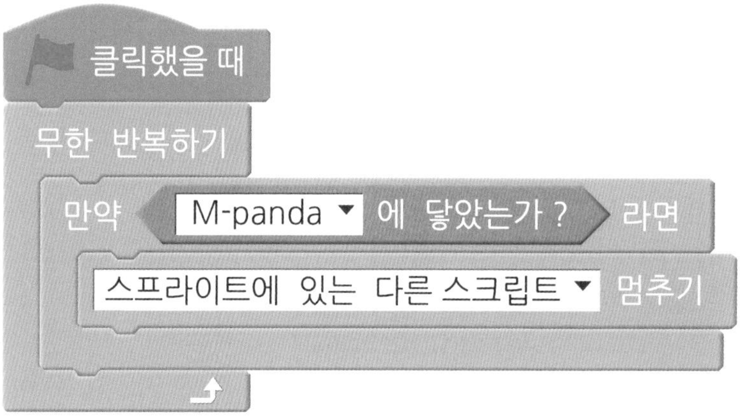
클릭했을 때
무한 반복하기
만약 M-panda 에 닿았는가? 라면
스프라이트에 있는 다른 스크립트 멈추기

그림 1-44 떨어지는 오렌지 멈추기

어떻게 만들면 더 재미있을까요? 체력을 만들면 재미있지 않을까요? 체력이 있는데 오렌지를 맞으면 체력이 하나씩 떨어지고, 체력이 0이 되면 게임이 끝나도록 코딩을 해보겠습니다.

별을 이용해서 체력을 나타내겠습니다. 시작할 때는 별이 3개입니다. 곰돌이가 오렌지에 닿을 때마다 별이 하나씩 사라집니다.

우선 별 1개를 이용해서 코딩을 해보겠습니다. 스프라이트 도서관에서 별을 가져옵니다. 그리고 그림 1-45와 같이 별을 놓습니다.

그림 1-45 무대에 별을 놓기

곰돌이가 오렌지에 닿았을 때 별이 안 보이게 만들어보겠습니다. 어떻게 하면 될까요?

바로 변수를 이용합니다. 체력이라는 변수를 만듭니다. 그리고 오렌지 스프라이트에 코딩을 합니다. 이제 체력이 있으니 한 번에 끝나지 않습니다. 우선 체력 변수의 값을 1로 정합니다. 오렌지가 내려가다가 곰돌이와 닿으면 다시 위로 올라가야 합니다. 그리고 체력을 하나 빼야 하죠.

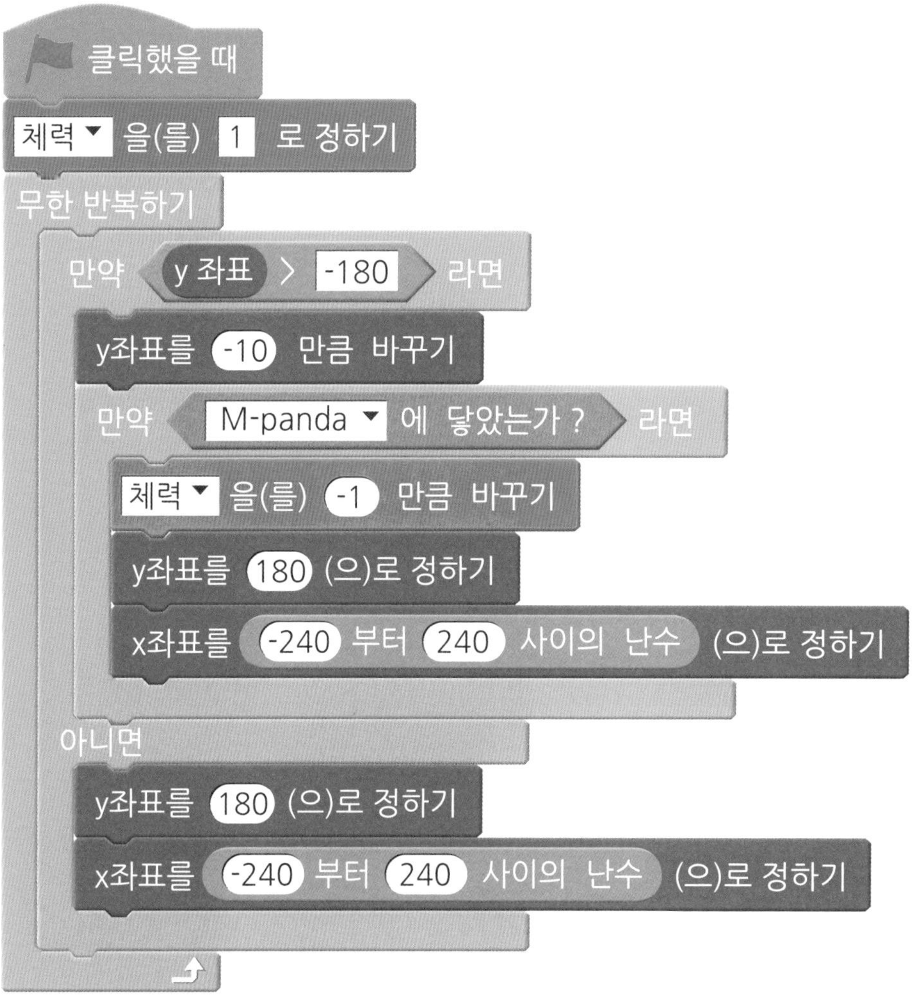
클릭했을 때
체력 을(를) 1 로 정하기
무한 반복하기
만약 y 좌표 > -180 라면
y좌표를 -10 만큼 바꾸기
만약 M-panda 에 닿았는가? 라면
체력 을(를) -1 만큼 바꾸기
y좌표를 180 (으)로 정하기
x좌표를 -240 부터 240 사이의 난수 (으)로 정하기
아니면
y좌표를 180 (으)로 정하기
x좌표를 -240 부터 240 사이의 난수 (으)로 정하기

그림 1-46 체력 변수를 이용하여 코딩하기

그림 1-46처럼 **만약 ~라면** 명령어 블록 안에 다시 **만약 ~라면** 명령어 블록이 들어간 것입니다.

이제 별에다가 코딩을 해야 합니다. 별은 게임이 시작되면 보였다가 체력이 0이 되면 사라집니다. 〈그림 1-47〉

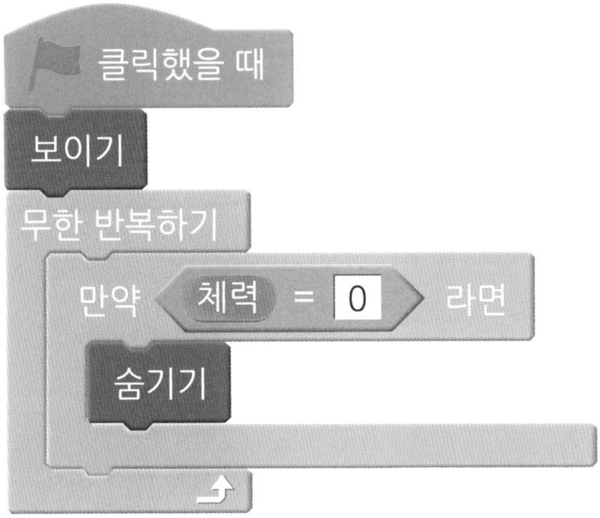
클릭했을 때
보이기
무한 반복하기
만약 체력 = 0 라면
숨기기

그림 1-47 체력이 0이면 숨기기

보이기와 **숨기기**는 〈형태〉 블록 모음에 있습니다. 곰돌이가 오렌지에 닿았을 때 별이 사라지는 것을 볼 수 있습니다.

이제 체력이 0이 되면 오렌지가 계속 움직이는 것을 멈추게 해야 합니다. 곰돌이에 닿았을 때 〈M-panda〉, 이 스프라이트에 있는 다른 스크립트를 멈추게 하는 프로그램을 바꿔야 합니다. 그림 1-48처럼 체력이 0이 되었을 때 스프라이트에 있는 다른 스크립트를 멈추게 합니다.

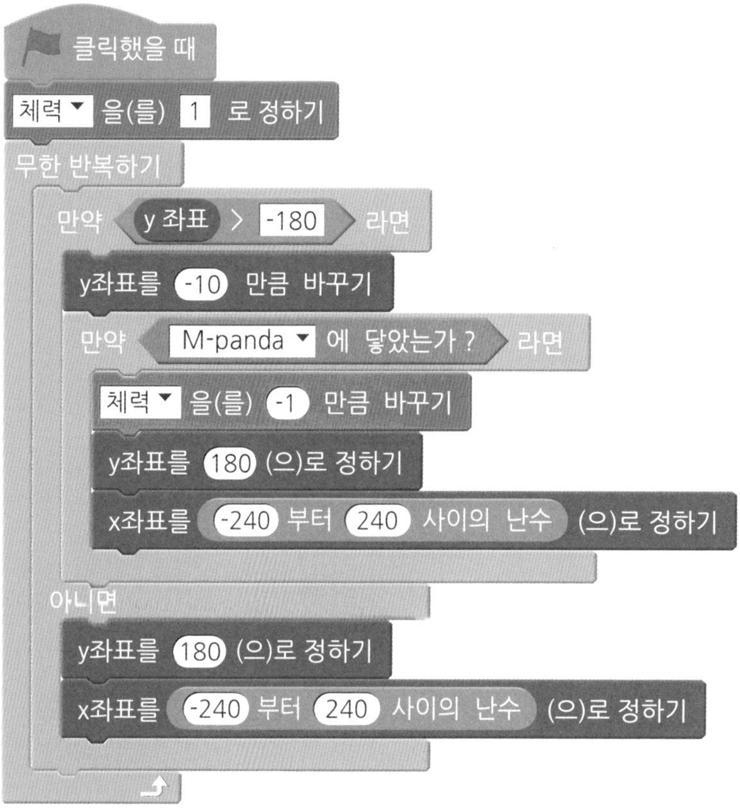
클릭했을 때
체력 을(를) 1 로 정하기
무한 반복하기
만약 y 좌표 > -180 라면
y좌표를 -10 만큼 바꾸기
만약 M-panda 에 닿았는가 ? 라면
체력 을(를) -1 만큼 바꾸기
y좌표를 180 (으)로 정하기
x좌표를 -240 부터 240 사이의 난수 (으)로 정하기
아니면
y좌표를 180 (으)로 정하기
x좌표를 -240 부터 240 사이의 난수 (으)로 정하기

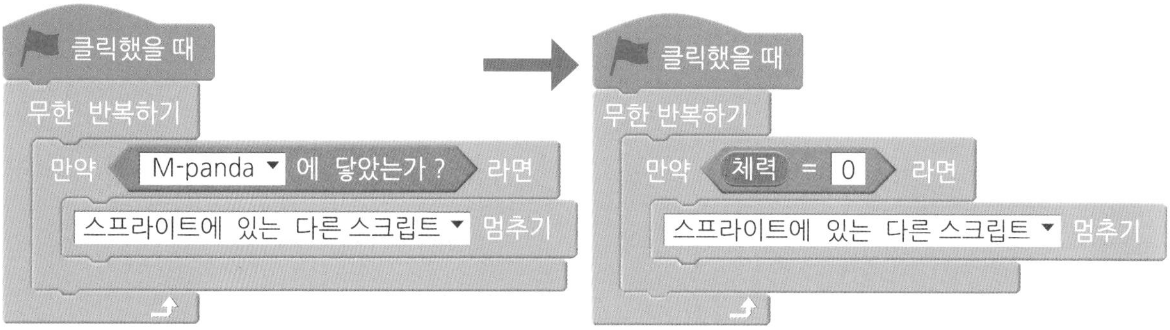
클릭했을 때
무한 반복하기
만약 M-panda 에 닿았는가 ? 라면
스프라이트에 있는 다른 스크립트 멈추기
클릭했을 때
무한 반복하기
만약 체력 = 0 라면
스프라이트에 있는 다른 스크립트 멈추기

그림 1-48 체력 변수 값이 0일 때 스크립트 멈추기

그림 1-48처럼 바꿔주면 체력이 0이 되었을 때 오렌지가 멈춥니다.

이제 그림 1-49와 같이 곰돌이가 체력이 0일 때 게임 끝이라고 말하고 움직이지 않도록 코딩을 합니다. 이렇게 바꿔주면 곰돌이는 체력이 0일 때 게임 끝이라고 말하고 멈춥니다.

그림 1-49 게임 끝 말하고 멈추기 코딩

그림 1-50처럼 별 스프라이트 위에서 마우스 오른쪽 버튼을 클릭하면 복사가 나옵니다. 복사를 클릭하면 별이 하나 더 생깁니다.

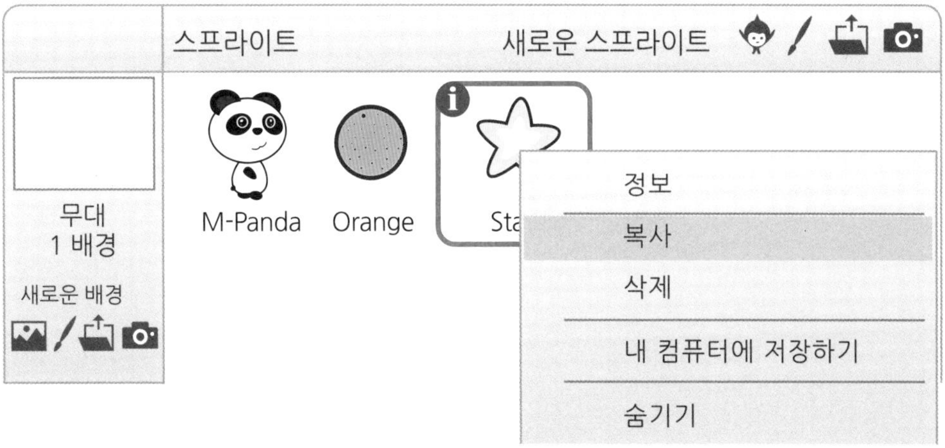

그림 1-50 별 복사하기

그림 1-51과 같이 무대를 만듭니다. 여기서 별의 위치가 매우 중요합니다.

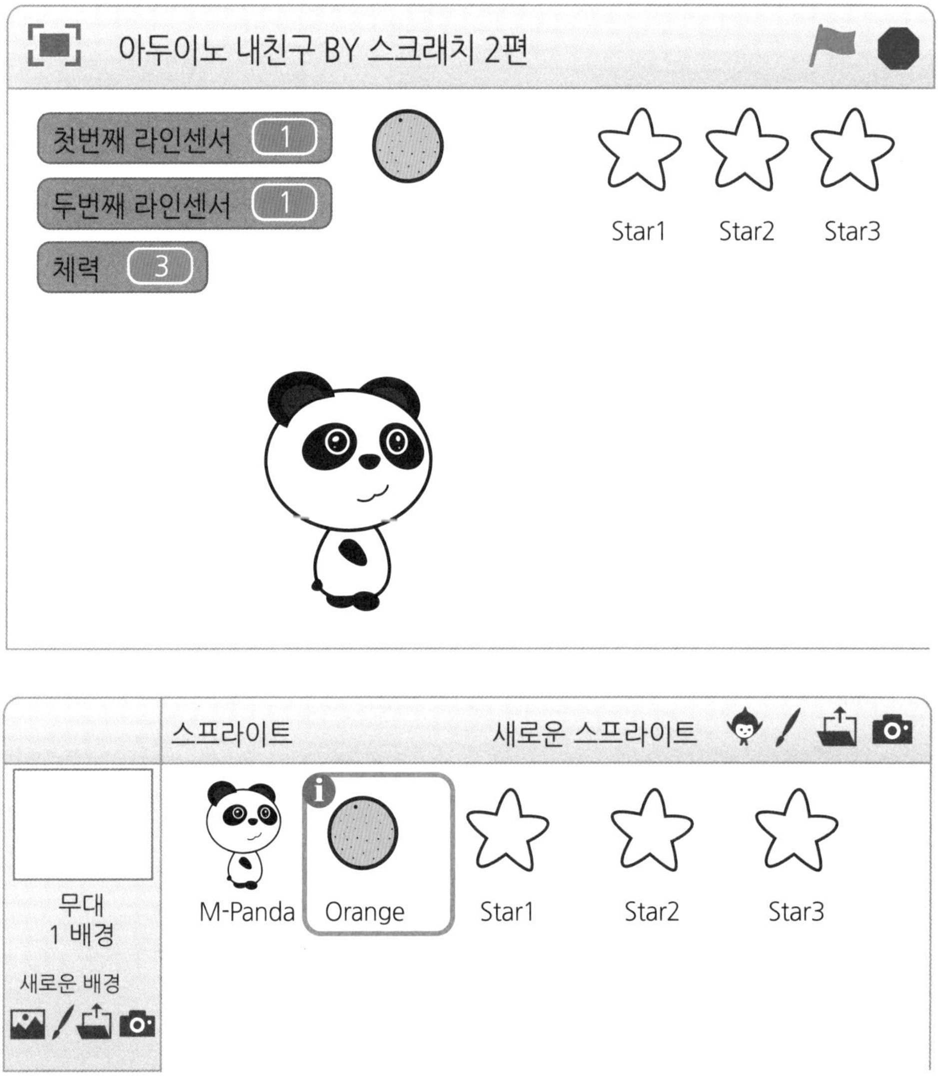

그림 1-51 별이 3개 있는 무대 만들기

그리고 체력을 3으로 정합니다.

곰돌이가 오렌지에 맞아서 체력이 2가 되면 어떤 별이 사라지나요? 첫 번째 별(Star1)이 사라집니다.

체력이 1이 되면 두 번째 별(Star2)이 사라집니다.

체력이 0이 되면 세 번째 별(Star3)이 사라집니다. 어떻게 코딩을 해야 할지 감이 오나요?

첫 번째 별(Star1)을 선택하고 그림 1-52와 같이 같이 코딩하면 됩니다.

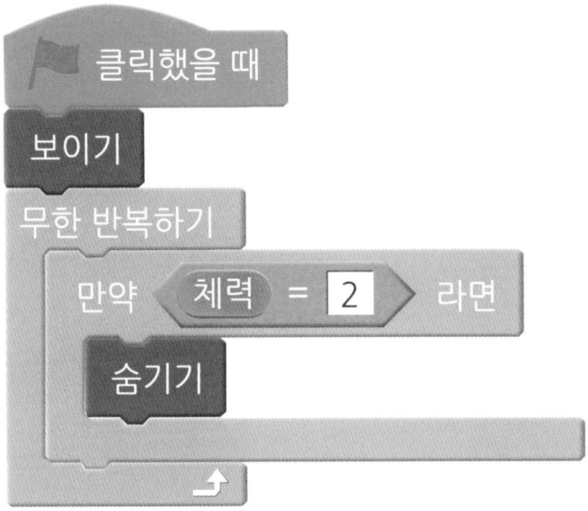
클릭했을 때
보이기
무한 반복하기
만약 체력 = 2 라면
숨기기

그림 1-52 첫 번째 별 코딩

그리고 나머지 별도 이런 식으로 코딩을 하면 됩니다. 두 번째 별(Star2)은 그림 1-53과 같이 코딩합니다

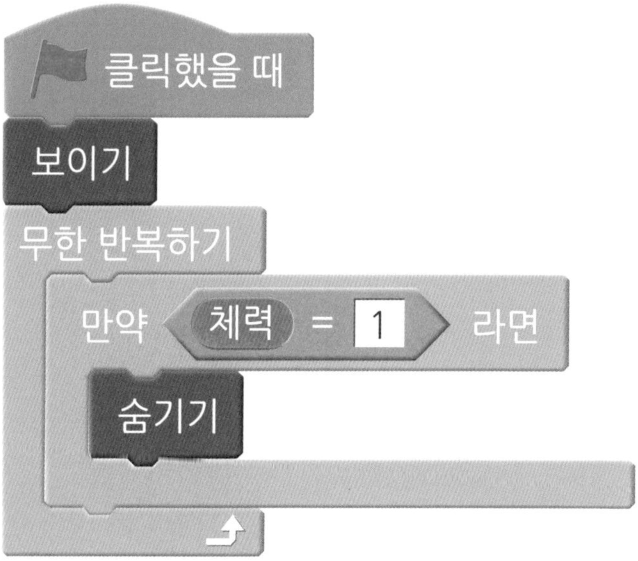
클릭했을 때
보이기
무한 반복하기
만약
체력
=
1
라면
숨기기

그림 1-53 두 번째 별 코딩

세 번째 별(Star3)은 그림 1-54와 같이 코딩합니다

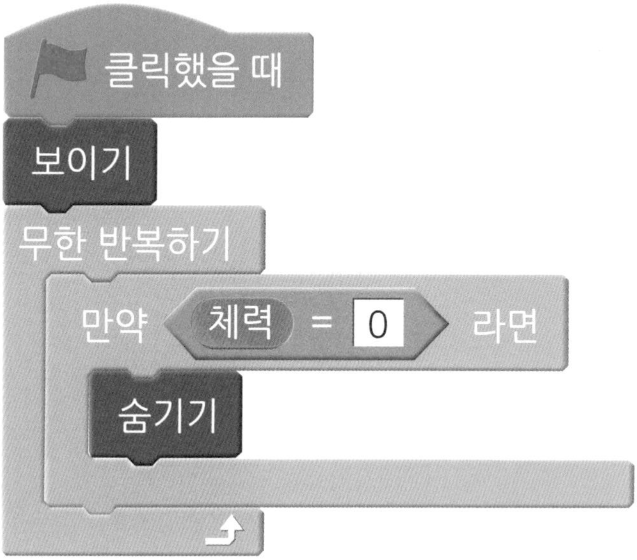
클릭했을 때
보이기
무한 반복하기
만약
체력
=
0
라면
숨기기

그림 1-54 세 번째 별 코딩

게임을 직접 해봅시다. 게임이 생각한 대로 잘 되나요?

이렇게 변수를 사용하면 멋진 게임을 만들 수 있습니다.

지금까지 잘 따라왔다면 여러분의 코딩 실력이 정말 좋아진 것입니다. 어려워도 괜찮습니다. 계속 반복해서 연습하다 보면 이해가 될 것입니다. 여러분의 아이디어로 게임을 더욱 재미있게 만들어봅시다.

아두이노 내친구 by스크래치

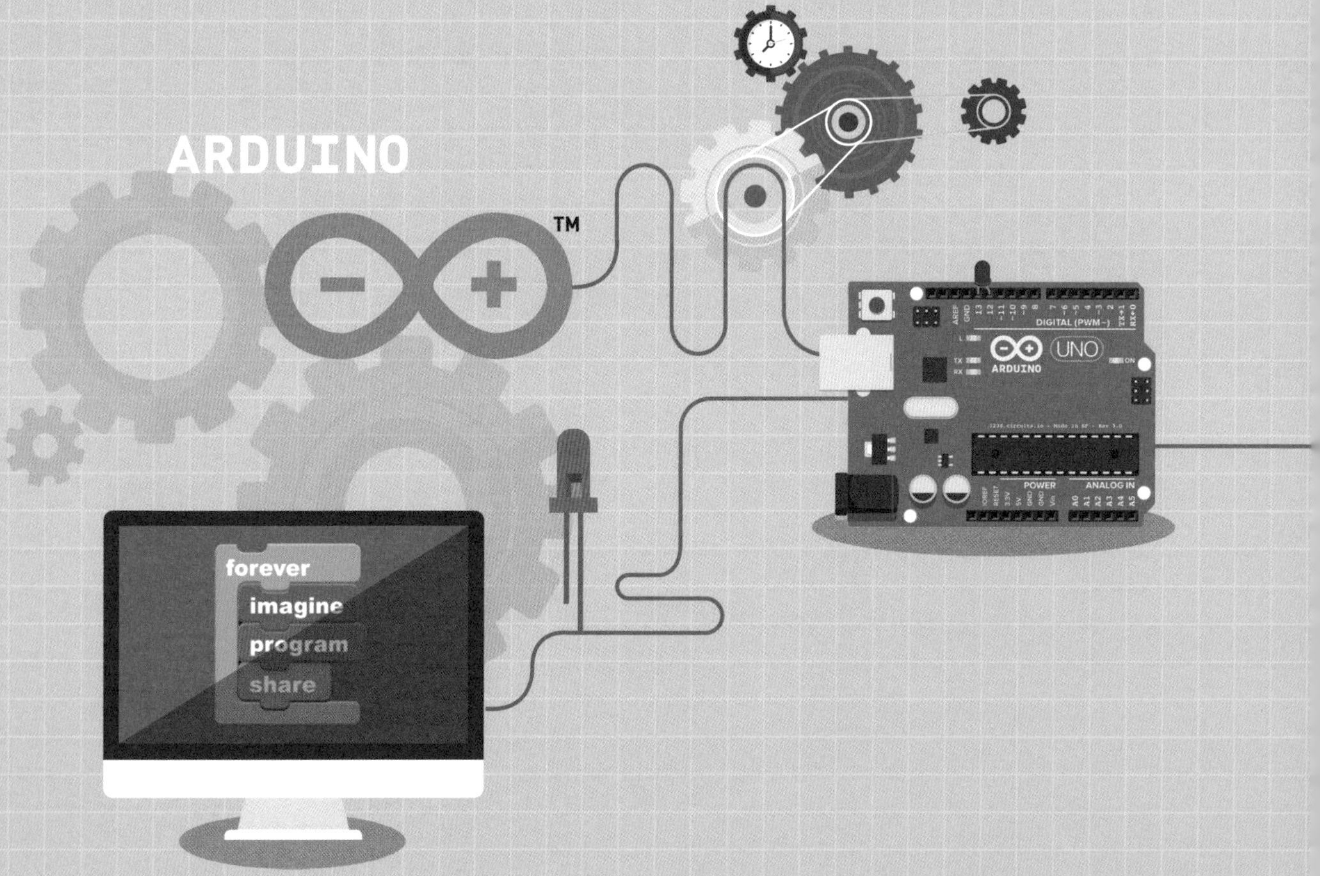

Chapter

02

힘차게 회전하는 모터

Program Robots

1. 모터를 알아봐요
2. 모터의 속도를 바꿔요
3. 화살표 키로 움직이는 모터
4. 모터 두 개를 연결해요

1 모터를 알아봐요

모터는 청소 로봇, 전기 자동차, 세탁기, 냉장고 등 정말 많은 곳에서 쓰입니다. 모터는 어떻게 움직일까요?

DC 모터는 영구 자석이 있고 그 가운데에 코일이 감겨 있습니다.

플레밍이라는 과학자가 자석과 전류를 연구하다가 신기한 법칙을 발견했습니다. 그것을 플레밍이 법칙이라고 합니다. 그림 2-1을 보면 가운데 있는 것이 코일인데 양 끝이 정류자라는 반달 모양의 금속과 연결되어 있습니다.

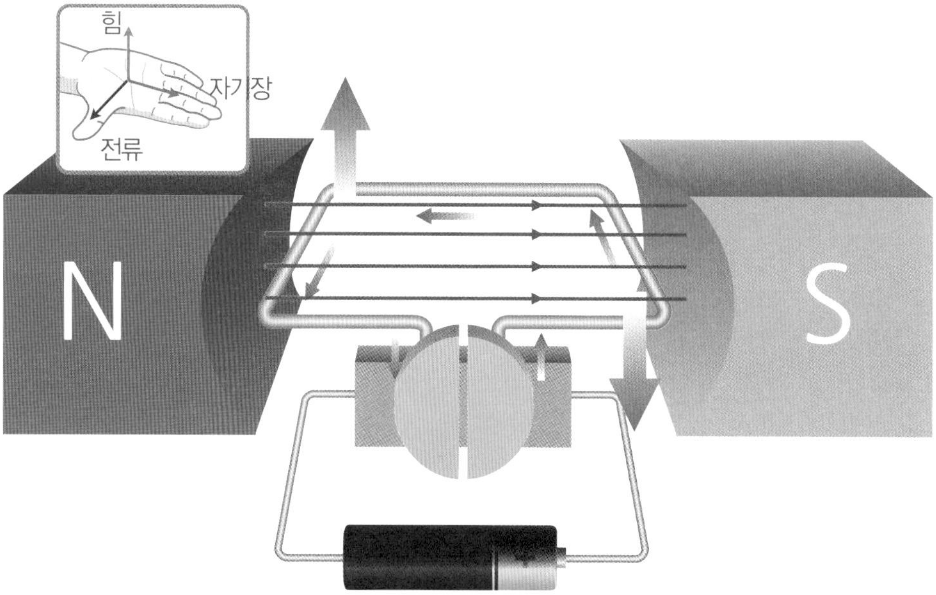

그림 2-1 자기력의 방향

오른손을 이용하여 자석과 전류가 서로 어떤 방향으로 힘을 만드는지 알 수 있습니다.

전류는 플러스 극에서 마이너스 극으로 흐릅니다. 그리고 자석의 힘은 N극에서 S극으로 나갑니다.

전류가 나가는 방향은 엄지손가락으로 가리킵니다. 자석의 힘이 나가는 방향은 나머지 네 손가락으로 가리킵니다.

그러면 손바닥이 향하는 쪽이 바로 힘의 방향입니다. 그림 2-2를 보면 손바닥이 위를 보고 있습니다. 따라서 코일의 왼쪽은 위쪽으로 움직입니다.

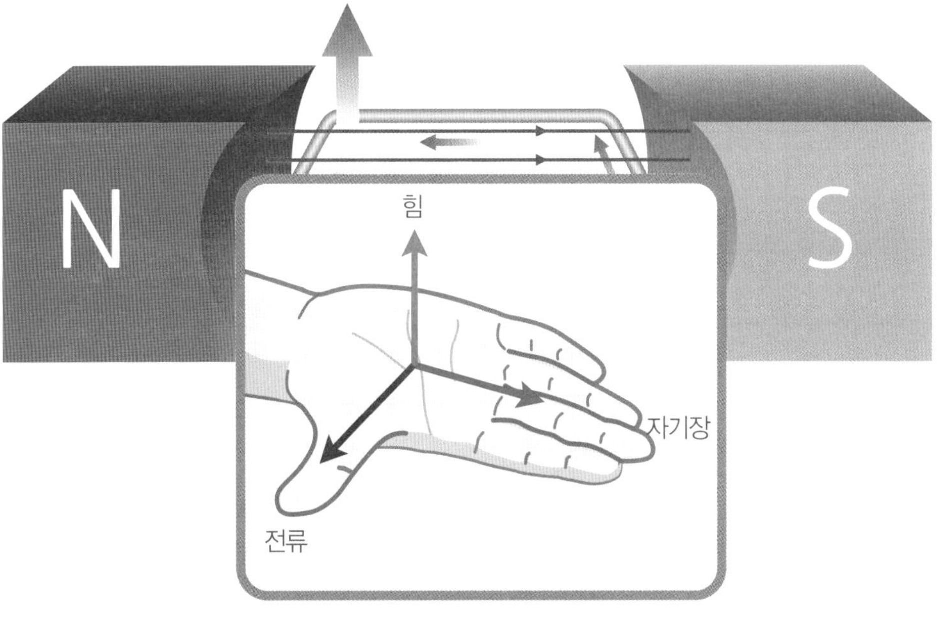

그림 2-2 위쪽으로 향하는 자기력

그림 2-3을 보면 손바닥이 아래를 보고 있습니다. 따라서 코일의 오른쪽은 아래쪽으로 움직입니다.

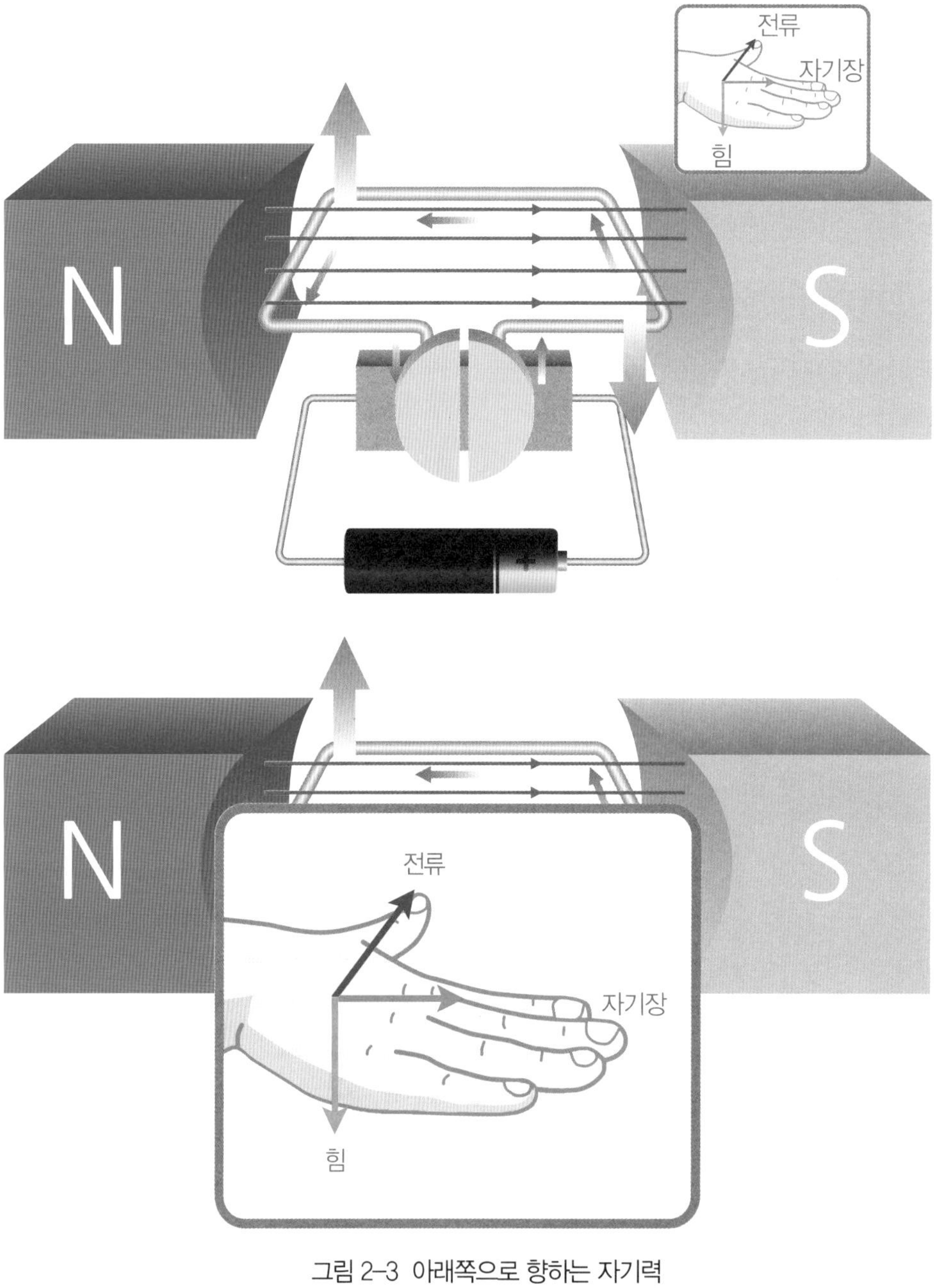

그림 2-3 아래쪽으로 향하는 자기력

그래서 코일은 시간 방향으로 회전하게 됩니다. 〈그림 2-4〉

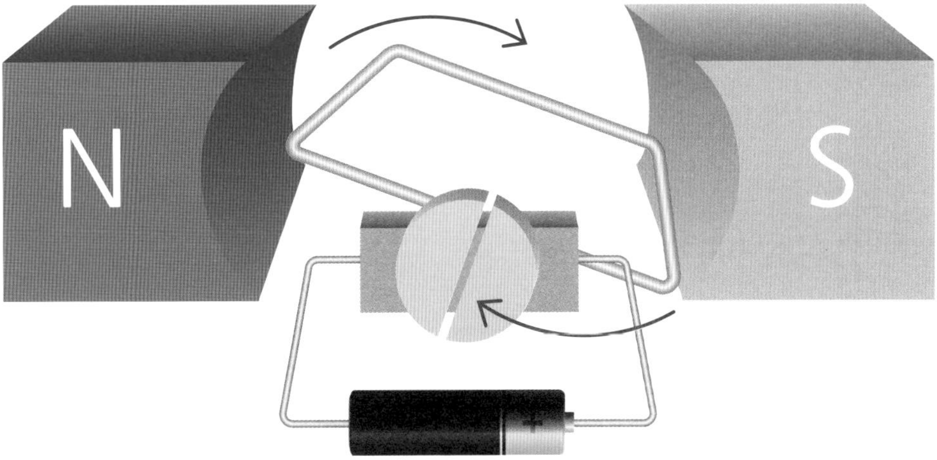

그림 2-4 회전하는 코일

그리고 코일이 계속 움직이려는 성질(관성) 때문에 계속 회전할 수 있습니다. 어때요? 참 신기하죠?

이렇게 외우면 잘 기억납니다. 먼저 주먹을 쥡니다. 엄지를 피면서 전!(전류의 방향〈+ 극에서 - 극으로〉 나머지 네 손가락을 펴면서 자!(자석 힘의 방향〈N극에서 S극으로〉) 손바닥에 힘을 주면서 력!(힘의 방향). 이렇게 전자력으로 모터가 회전하는 것입니다.

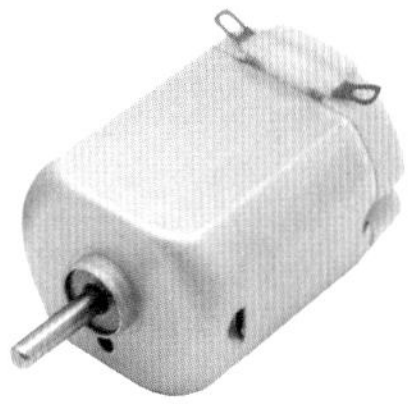

왼쪽에 있는 모터는 일반적인 자동차용 모터입니다. 이 모터는 회전하는 속도는 빠른데 힘(토크)이 약합니다.

그림 2-5처럼 모터의 회전 속도는 줄이고 힘은 크게 하려고 기어를 연결한 모터가 우리가 사용할 모터입니다.

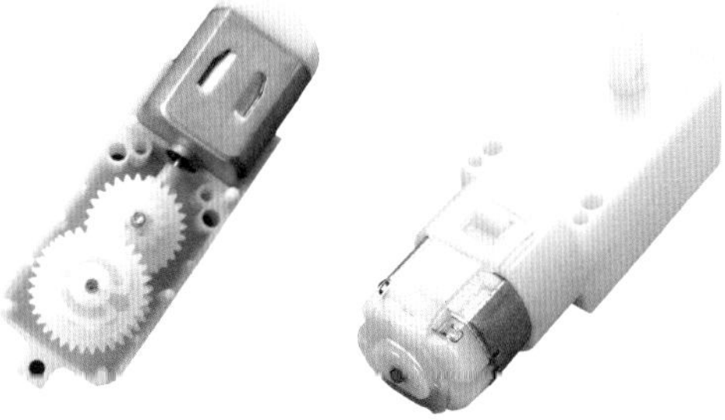

그림 2-5 우리가 사용할 모터

기어는 지렛대의 원리를 이용한 것입니다.

그림 2-6 지렛대의 원리

그림 2-7처럼 받침점으로부터 더 멀리 있으면 더 무거운 무게를 들 수 있습니다. 하지만 더 많이 움직여야 합니다.

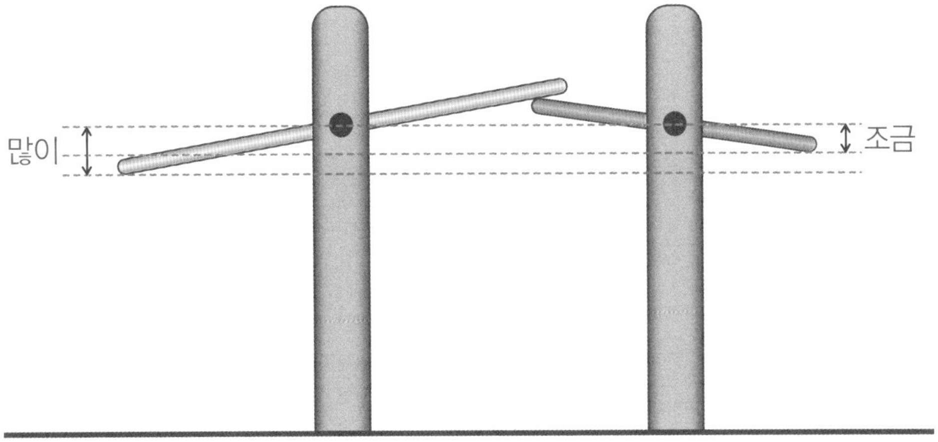

그림 2-7 회전하는 지렛대

그림 2-8과 같은 구조를 만들어서 움직여봅시다. 오른쪽 바퀴가 더 많이 움직이지만(빨리 회전) 왼쪽 바퀴는 조금만 움직입니다(천천히 회전). 하지만 힘은 더 강합니다.(힘이 더 세다)

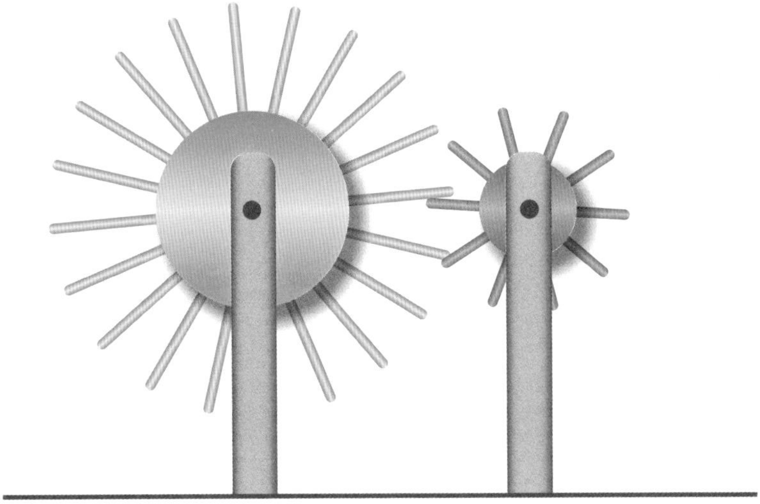

그림 2-8 회전하는 큰 바퀴-작은 바퀴

큰 바퀴는 작은 바퀴보다 천천히 움직이지만, 더 큰 힘을 전달합니다.

이렇게 기어를 이용하면 모터가 회전하는 속도는 줄이고 힘은 더 강하게 만들 수 있습니다.

아두이노와 다른 전자부품은 모터와 비교하면 매우 적은 양의 전기를 사용합니다. 그래서 아두이노와 직접 모터를 연결하면 모터를 회전시킬 수 있는 전기가 부족하게 됩니다. 모터는 많은 양의 전기를 사용하기 때문이죠.

아두이노에서 모터를 움직이려면 모터 드라이브 칩을 사용해야 합니다.

DC 모터를 움직이기 위하여 사용하는 모터 드라이브 칩으로 L9110, L293D, L298N이 있습니다.

집에서 사용하는 전자제품을 보면 와트(W) 표시가 있습니다.

와트(W)는 전자제품이 사용하는 전기의 힘(전력)을 말하며, 시간당 얼마의 전압과 전류를 사용하는지를 알 수 있습니다. 그리고 와트(W)는 볼트(V)와 전류(A)를 곱한 값을 말합니다.

우리가 사용하는 모터는 5볼트에 0.35암페어를 사용하는 것으로 와트 값은 5×0.35로 1.75와트(W)가 됩니다.

아두이노 디지털 출력 값은 5볼트×0.02암페어입니다. 따라서 와트 값은 5×0.02=0.1와트가 됩니다.

전력이 클수록 더 많은 일을 할 수 있습니다. 전력을 비유하면 다음과 같습니다.

물이 더 높은 곳에 있을수록(전압), 물이 더 많이 흐를수록(전류) 물레방아가 더 빠르게 회전합니다. (전력이 크다)

따라서 아두이노 디지털 핀에 LED나 소형 모터를 직접 연결하여 사용할 수 있습니다. 충분한 전력을 줄 수 있기 때문이죠.

하지만 자동차용 모터는 직접 연결하면 충분한 전력을 줄 수 없어서 모터가 제대로 회전하지 않습니다.

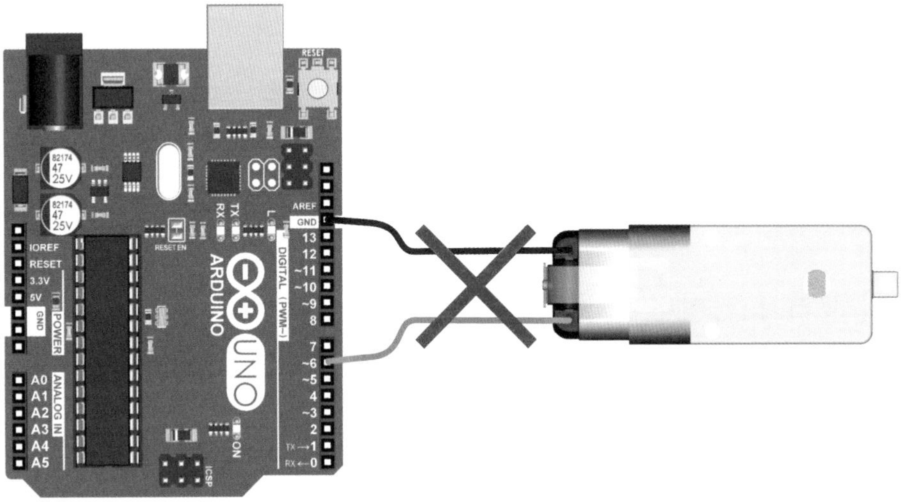

그림 2-9 아두이노와 모터는 직접 연결하면 안 된다.

이렇게 모터에 충분한 전기를 보내주는 장치를 모터 드라이버라고 합니다.

이 책에서는 모터에 가장 적합한 L9110S 모터 드라이버 모듈을 사용했습니다. 모듈은 여러 개의 전자부품들을 어떤 목적에 맞도록 하나의 제품으로 만든 것을 말합니다. 마치 레고블록과 비슷합니다. 레고블록을 모아서 하나의 작품을 만들 듯이, 여러 가지 모듈을 모아서 전자제품을 만드는 것입니다.

L9110S 모듈은 좋은 점이 많습니다.

첫째, 에너지 낭비가 적어 모터를 오랫동안 움직일 수 있습니다.

둘째, 모터의 회전 속도와 방향을 쉽게 바꿀 수 있고, 아두이노와 연결하기도 쉽습니다.

셋째, 다른 사람이 코딩한 것을 사용하지 않고(외부 라이브러리를 사용하지 않고) 직접 코딩을 할 수 있습니다.

L298N 모터 드라이버 모듈을 가지고 있는 독자들도 있을 겁니다. 하지만 L298N 모듈은 전기를 많이 씁니다. 그래서 배터리를 자주 바꿔줘야 하므로 불편합니다.

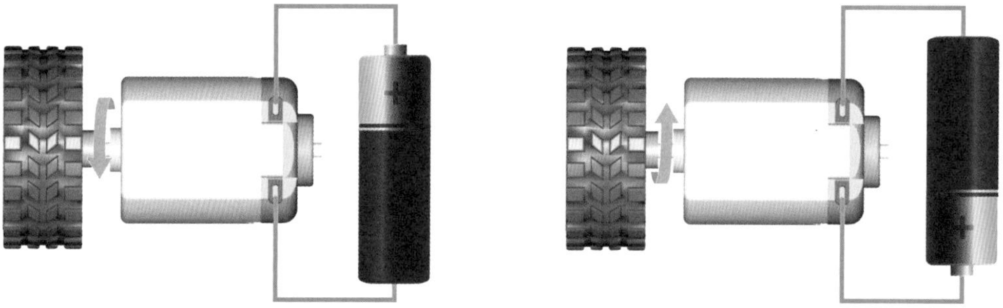

그림 2-10 모터 회전 방향 바꾸기

모터의 회전 방향을 바꾸려면 그림 2-10과 같이 연결된 배터리의 극을 서로 바꿔주면 됩니다.

하지만 실제로 자동차를 만들 때 모터의 회전 방향을 바꾸고 싶을 때마다 배터리의 극을 바꿔서 연결하려면 얼마나 불편할까요?

H 브리지라는 칩을 사용하면 쉽게 모터의 회전 방향을 바꿀 수 있습니다.

H 브리지는 전기 신호를 보내서 모터의 회전 방향과 속도를 바꿀 수 있는 칩입니다. 이것을 집적회로(IC)라고 합니다. 이 집적회로에는 많은 부품이 있는데 전기 신호를 보내서 모터의 회전 방향과 속도를 바꾸는 일을 합니다.

그림 2-11 모터 드라이버

우리가 사용할 모터 드라이버 칩인 L9110S가 어떻게 모터를 움직이는지 알아봅시다.

이 칩을 아두이노 피더블유엠(PWM) 디지털 핀 5, 6번과 연결합니다. 그리고 모터, 배터리와 연결합니다. 디지털 핀에서 아날로그처럼 다양한 값이 나오게 하기 위해서 피더블유엠(PWM)핀을 사용합니다. 번호 앞에 물결 표시(~)가 있는 핀이 피더블유엠(PWM) 핀입니다. 우노 보드인 경우 3, 5, 6, 9, 10, 11이 피더블유엠(PWM)핀입니다.

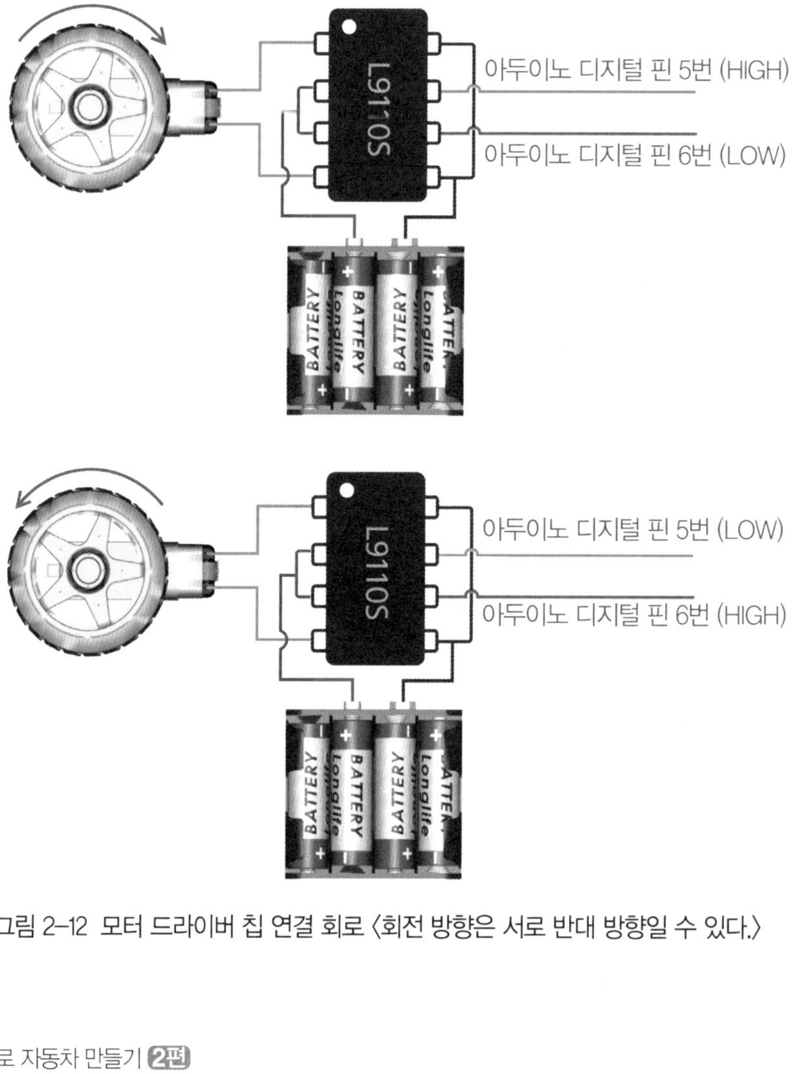

그림 2-12 모터 드라이버 칩 연결 회로 〈회전 방향은 서로 반대 방향일 수 있다.〉

그림 2-12에서는 L9110S칩을 아두이노 피더블유엠(PWM) 디지털 5번, 6번 핀과 연결했습니다. 피더블유엠(PWM) 디지털 핀 5, 6번에 전압을 어떻게 주느냐에 따라서 모터가 다르게 움직입니다.

5번 핀	6번 핀	모터 움직임
HIGH(전압을 줌)	LOW(전압을 주지 않음)	앞으로 회전
LOW(전압을 주지 않음)	HIGH(전압을 줌)	뒤로 회전
LOW(전압을 주지 않음)	LOW(전압을 주지 않음)	멈춤

L9110S칩과 아두이노를 연결할 때, 5번과 6번 핀을 서로 바꿔서 연결하면 어떻게 될까요? 위의 표와 반대로 움직이게 됩니다. 참 신기하죠?

그러면 어떻게 속도를 바꿀 수 있을까요? 1편에서 배웠던 피더블유엠(PWM) 방식을 사용하면 됩니다.

엘이디(LED) 불의 밝기를 바꾸는 방법을 기억하나요? 피더블유엠(PWM) 디지털 핀에 0부터 255 사이의 값을 보냅니다. 0은 0볼트(V)이고 255는 5볼트(V)입니다. 보내는 숫자 값으로 전압을 바꿀 수 있습니다. 전압이 세지면 불이 더 밝게 켜집니다.

모터도 마찬가지입니다. 피더블유엠(PWM) 디지털 핀으로 전압을 다르게 줘서 속도를 바꿀 수 있습니다. 이 방법으로 다른 부품을 더 연결하지 않아도 모터의 회전 속도를 바꿀 수 있습니다. 정말 편리하죠?

모터 드라이버 사용, 모터 움직이기

준비물

- 아두이노 보드 1개
- USB 케이블 1개
- 기어 장착 모터 2개
- L9110S 모터 드라이버 모듈 1개
- 미니 브레드보드 1개
- AA 배터리 4개 및 배터리 팩
- 점퍼 케이블 다수

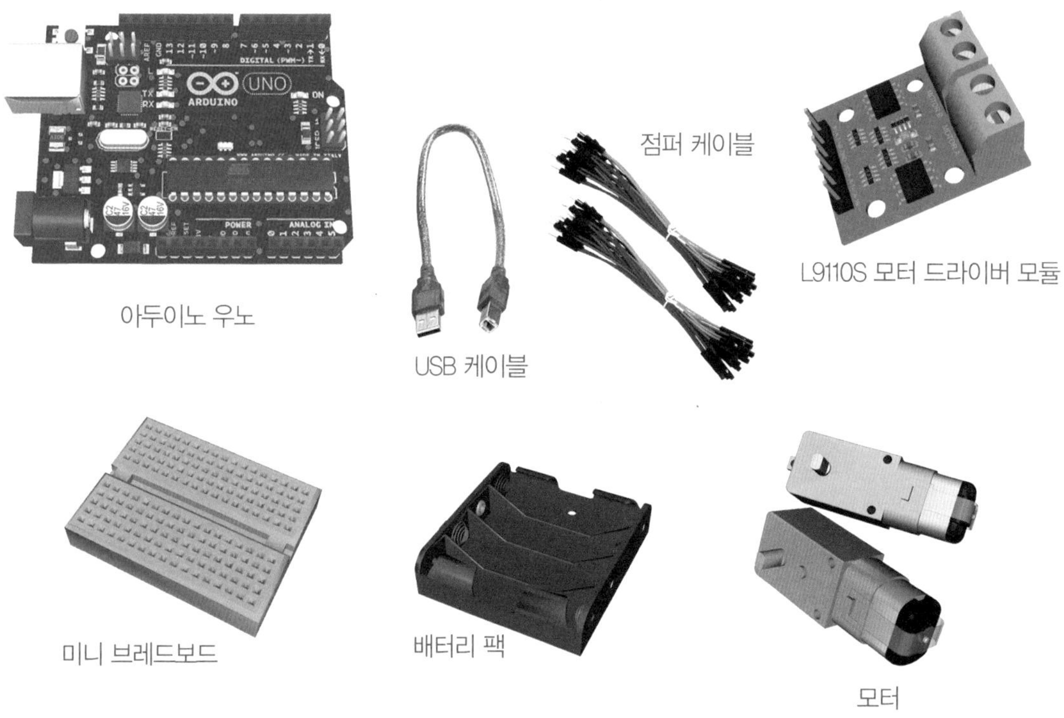

그림 2-13 모터 드라이버 테스트 필요 부품

앞에서 설명한 L9110S 칩 2개를 사용하여 모터 2대를 동시에 작동시킬 수 있는 제품이 그림 2-14의 L9110S 모터 드라이버 모듈입니다.

L9110S 칩과 모터를 연결할 수 있게 만든 터미널이 4개가 있습니다. 터미널을 보면 나사가 있습니다. 터미널을 보면 선을 끼울 수 있는 구멍이 있는데 여기에 모터 선을 연결하고 나사를 돌리면 쉽게 연결할 수 있습니다. 이 나사를 돌릴 때는 부품 상자에 있는 드라이버를 사용하면 됩니다.

그리고 아두이노, 전원과 연결하기 위해서 만든 핀 6개가 있습니다.

L9110S 모터 드라이버 모듈은 L9110S 칩과 모터를 쉽게 연결하기 위해서 만든 터미널, 그리고 아두이노와 연결하는 핀들을 하나로 모아서 만든 제품입니다.

이 책에서 사용하는 모터는 350밀리암페어(mA) 정도의 전류가 필요합니다. 모터 드라이버는 모터를 잘 회전시키기 위해서 더 큰 전류가 필요합니다. 모터 드라이버는 모터에 필요한 전류보다 2배 정도 큰 전류가 필요합니다. L9110S는 800밀리암페어의 전류를 사용하여 모터를 움직일 수 있는 좋은 모터 드라이버입니다.

회로를 만들기 위해서 L9110S 모터 드라이버 모듈의 6개 핀을 자세히 살펴봅시다.

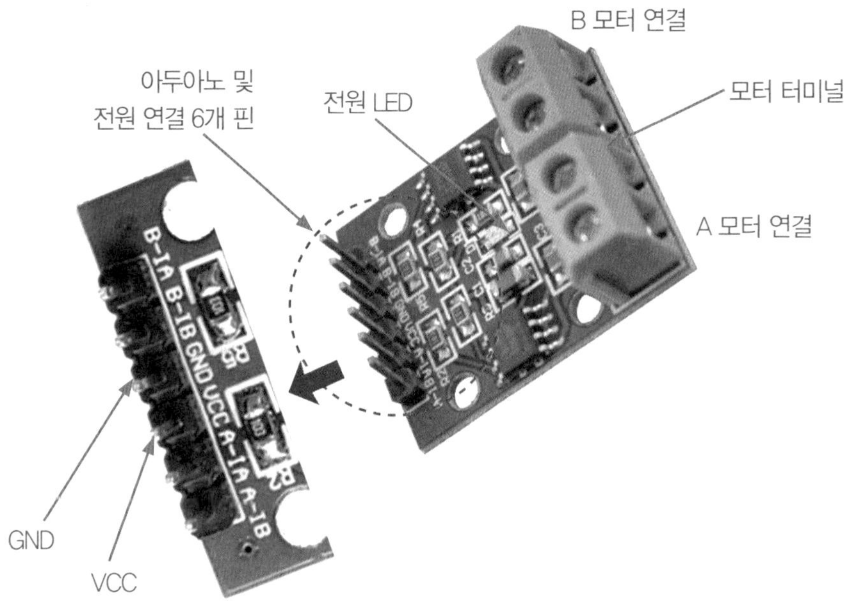

그림 2-14 L9110S 모터 드라이버 부분 확대

가운데에 있는 VCC와 GND 핀은 많이 보던 핀이죠? 라인 센서의 VCC, GND 핀과 같습니다. VCC는 플러스 극(+)과 연결하고 GND는 마이너스 극(-)과 연결합니다.

위쪽에는 B-IA와 B-IB 핀이 있습니다. 이 핀은 무엇일까요?

이 핀은 모터 하나를 움직이기 위한 핀입니다. 모터를 움직이기 위해서는 피더블유엠(PWM)디지털 핀 2개와 연결해야 합니다.

아래쪽에는 A-IA와 A-IB 핀이 있습니다. 마찬가지로 모터를 움직이기 위해서 피더블유엠(PWM) 디지털 핀 2개와 연결해야 합니다.

회로가 제대로 연결이 되면 전원 엘이디(LED)가 켜집니다.

우선 모터 하나를 움직이도록 코딩을 하겠습니다.

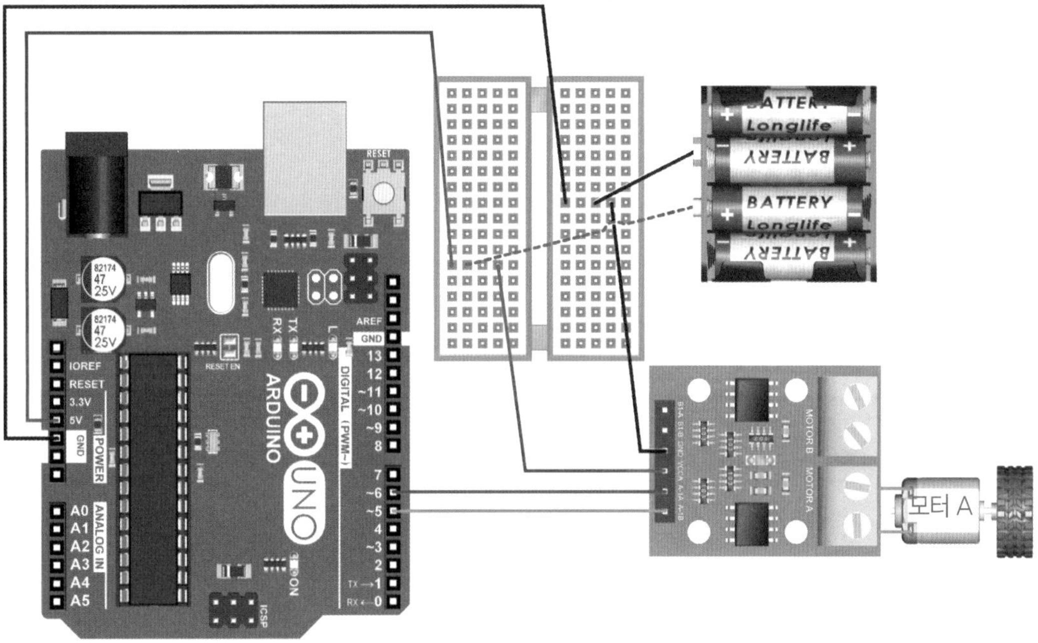

그림 2-15 아두이노와 모터 드라이버 및 모터 연결

회로를 만들 때 이렇게 생각하면 편합니다. 부품은 아두이노와 각각 연결되니(병렬연결) 하나씩 연결합니다. 즉 배터리에서 전기가 나오면 아두이노, 모터 드라이버 모듈로 각각 전기를 보냅니다. 그러니 다른 부품은 크게 신경 쓰지 않아도 됩니다. 각각의 부품이 전원과 잘 연결되면 됩니다.

플러스 극, 마이너스 극과 연결해야 할 것을 각각 모아서 브레드보드에 연결하면 쉽게 회로를 만들 수 있습니다.

1. 먼저 배터리를 브레드보드와 연결합니다. 그림의 배터리 연결을 보면 빨간색 점선으로 되어 있습니다. 이것은 프로그램을 업로딩하고 나중에 연결하라는 뜻입니다. 업로딩할

때 컴퓨터에서 오는 전기와 배터리에서 오는 전기가 서로 충돌하여 업로딩을 방해할 수 있기 때문입니다. 일단은 검은색 선인 마이너스 극만 브레드보드에 연결합니다.

2. 아두이노 5V는 배터리의 플러스 극(+)과 연결되게 수-수 점퍼 케이블로 연결합니다. 아두이노 그라운드(GND) 핀은 배터리의 마이너스 극(-)과 연결합니다.

3. 모터 드라이버를 연결합니다. 모터 드라이버의 VCC는 배터리의 플러스 극(+)과 연결합니다. 그라운드(GND)는 배터리의 마이너스 극과 연결합니다.

4. 지금부터 매우 매우 중요한 내용입니다. 모터와 모터 드라이버를 제대로 연결해야 합니다.〈그림 2-16〉 모터에는 빨간색 선과 검은색 선이 있습니다. 모든 회로에서 빨간색은 플러스, 검은색은 마이너스를 뜻합니다. 터미널 1, 3번은 마이너스 극과 연결하고 터미널, 2, 4번은 플러스 극과 연결합니다. 터미널 3번과 모터의 검은색 선을 연결합니다. 터미널 4번과 모터의 빨간색 선을 연결합니다. 나중에 순서를 바꾸면 모터가 반대로 돌아가니 엄청나게 헷갈립니다. 반드시 이 순서를 지켜서 연결해주세요. (기억하기 쉽게 검, 빨, 검, 빨)

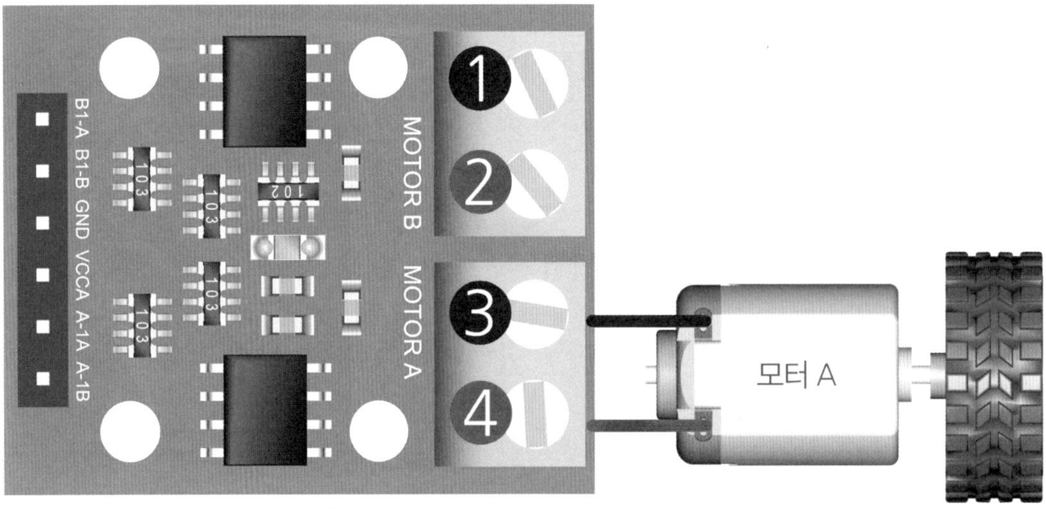

그림 2-16 모터와 모터 드라이버 연결

바퀴는 선이 없는 쪽에 연결합니다.

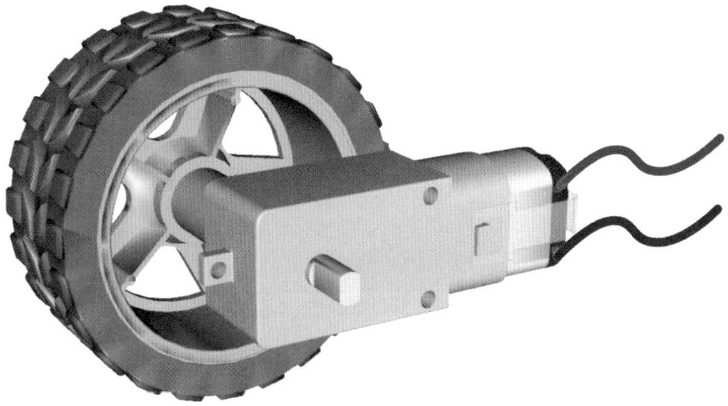

그림 2-17 바퀴 연결

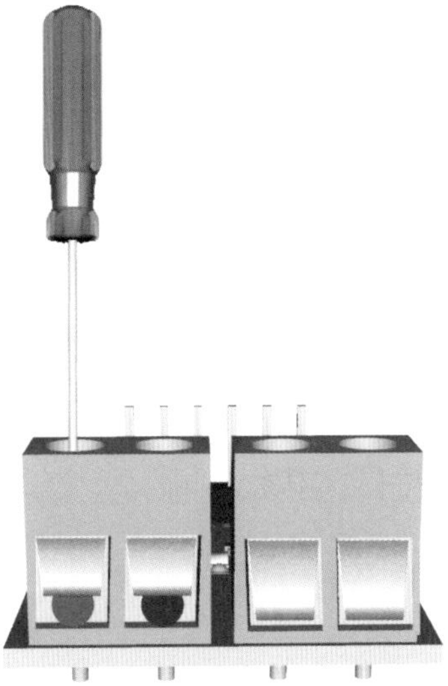

그림 2-18 터미널과 모터 연결

5. 또 하나 매우 매우 중요한 내용입니다. 터미널과 모터를 연결할 때 먼저 터미널의 나사를 풉니다. 그리고 모터의 은색 핀 부분을 넣고 터미널의 나사를 조입니다. 〈그림 2-18〉

   이때 모터의 핀 부분을 너무 짧거나 너무 깊게 넣으면 모터가 움직이지 않습니다.

   핀 부분이 너무 짧으면 가위 등을 이용해서 전선의 고무 부분을 잘 벗겨냅니다. 그리고 핀을 너무 깊게 넣지 않고 나사를 조여서 선이 빠지게 않게 합니다.

6. 그리고 A-IA 핀, A-IB 핀과 PWM 디지털 핀을 연결합니다. A-IA에 전압을 주고 A-IB에는 전압을 주지 않으면 모터(MOTOR) A터미널에 연결된 모터가 회전합니다. 바퀴 쪽으로 봤을 때 모터가 시계방향으로 회전합니다. 만약 바퀴가 잘 돌아가지 않으면 손으로 바퀴를 조금 돌려줍니다.

표로 한 번 정리해 보겠습니다.

A-1A	A-1B	모터 움직임
HIGH(전압을 줌)	LOW(전압을 주지 않음)	시계 방향으로 회전한다.
LOW(전압을 주지 않음)	HIGH(전압을 줌)	시계 반대 방향으로 회전한다.
LOW(전압을 주지 않음)	LOW(전압을 주지 않음)	멈춘다.

나중에 모터를 하나 더 연결할 때도 마찬가지입니다. 모터(MOTOR) B 터미널과 연결하는데 다음과 같이 전압을 다르게 주면 모터가 다르게 움직입니다.

B-1A	B-1B	모터 움직임
HIGH(전압을 줌)	LOW(전압을 주지 않음)	시계 방향으로 회전한다.
LOW(전압을 주지 않음)	HIGH(전압을 줌)	시계 반대 방향으로 회전한다.
LOW(전압을 주지 않음)	LOW(전압을 주지 않음)	멈춘다.

그림 2-19처럼 항상 바퀴를 보면서 어떤 방향으로 회전하는지 살펴봅시다.

그림 2-19 바퀴 회전 방향

프로그램을 업로딩 했을 때 모터가 원하는 방향대로 움직이지 않는다면 모터를 반대로 연결하거나 디지털 핀을 서로 바꿔서 연결한 것입니다.

이 내용은 아두이노 라인 트랙 자동차를 만들 때 매우 중요한 내용입니다. 읽고 또 읽어서 확실하게 이해하고 넘어갑시다.

그리고 A-IA 핀은 PWM 디지털 5핀과 연결합니다. A-IB 핀은 PWM 디지털 6핀과 연결합니다.

그림 2-20과 같이 코딩하고 업로딩을 해보겠습니다.

PWM 5번 핀으로 100 값을 보내고 PWM 6번 핀으로 0 값을 보내면 모터가 시계방향으로 회전합니다. 255 값을 보내면 최대 속도로 회전합니다.

클릭했을 때
무한 반복하기
PWM 5 핀에 100 보내기
PWM 6 핀에 0 보내기

그림 2-20 시계 방향으로 회전하기

잘 움직이는지 확인하기 위해서 프로그램을 업로딩 합니다. 그리고 배터리를 연결해서 충분한 전기가 흐르게 합니다. 모터가 시계 반대 방향으로 잘 움직이나요?

배터리를 연결하지 않는다고 모터가 움직이지 않는 것은 아닙니다. 컴퓨터에서 나오는 전기로 모터가 어느 정도 움직일 수 있습니다. 코딩이 잘 되었나 확인할 때는 굳이 배터리를 연결하지 않아도 됩니다. 하지만 모터를 빨리 회전시키려면 배터리를 연결해야 합니다. 충분하게 전기를 줘야 모터가 빠르게 회전하기 때문이죠.

아두이노 라인 트랙 자동차를 만들 때 스크래치와 아두이노의 연결이 끊어지는 경우가 종종 있습니다. 먼저 USB 선을 빼서 아두이노와 컴퓨터를 연결하지 않습니다. 그리고 만든 프로그램을 저장합니다.

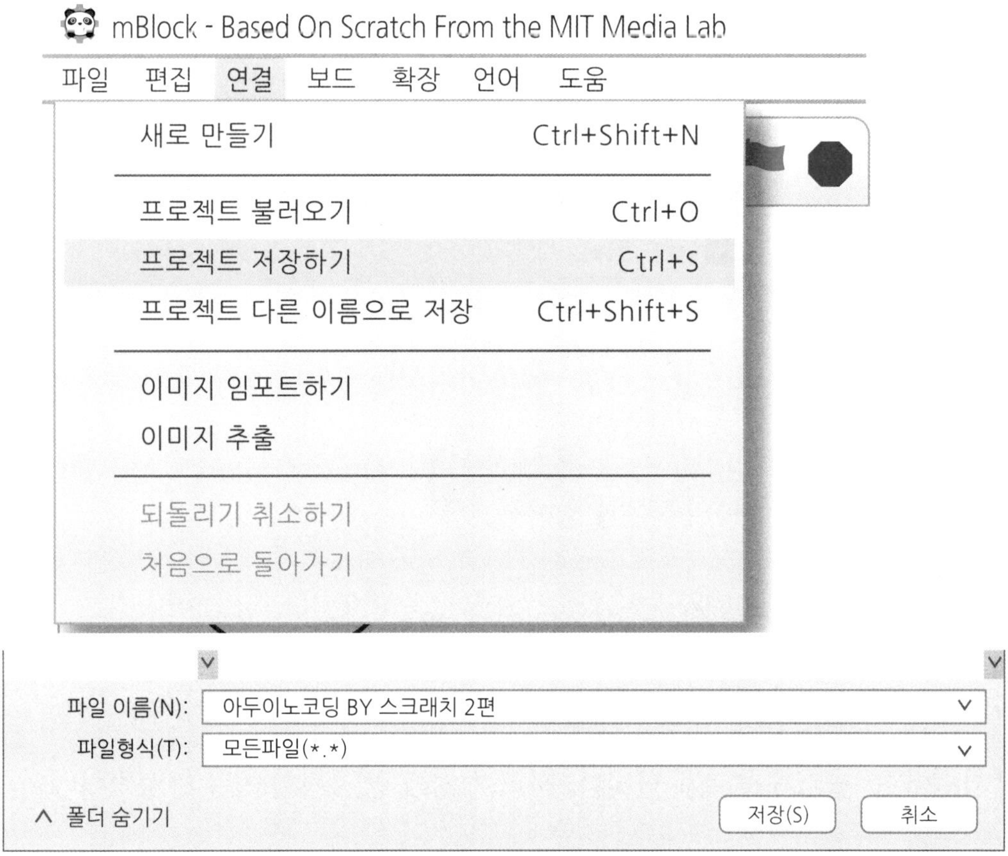

그림 2-21 프로그램 저장하기

그리고 프로그램을 껐다가 다시 켭니다. 그리고 다시 USB 선으로 아두이노와 컴퓨터를 연결합니다.

그리고 시리얼 포트에서 연결된 장치를 고릅니다. 제대로 연결되면 새로운 COM이 나타납니다. 이것을 고르면 됩니다. 컴퓨터마다 다른 COM이 연결될 수 있습니다. 그림 2-22와 같이 이 컴퓨터는 COM7이 연결되었습니다.

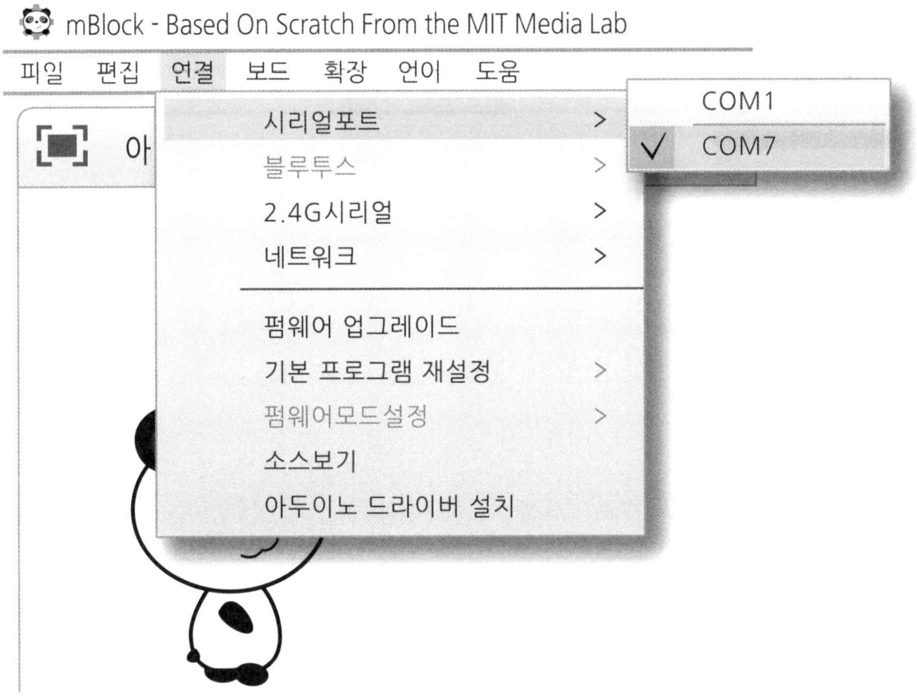

그림 2-22 시리얼 포트에서 연결된 장치 선택

모터를 시계 반대 방향으로 회전시키려면 어떻게 하면 될까요? 앞에서 했던 것과 반대로 코딩을 하면 되지 않을까요?

클릭했을 때
무한 반복하기
PWM 5 핀에 0 보내기
PWM 6 핀에 100 보내기

그림 2-23 시계 반대 방향으로 회전하기

참 쉽죠? 이렇게 생각하는 힘이 중요합니다.

그림 2-24처럼 둘 다 0 값을 보내면(전압을 보내지 않으면) 모터가 멈춥니다. 모터가 잘 움직인다면 정말 어려운 내용을 잘 해결한 것입니다.

클릭했을 때
무한 반복하기
PWM 5 핀에 0 보내기
PWM 6 핀에 0 보내기

그림 2-24 모터 멈추기

그림 시계 방향으로 회전하다가 멈추고 다시 시계 반대 방향으로 회전하다가 멈추는 것을 계속 반복하도록 그림 2-25처럼 코딩해봅시다.

이제 감을 잡을 수 있겠죠?

어떤 문제가 있을 때 항상 나눠서 생각한다면 문제를 더욱 쉽게 해결할 수 있습니다.

아두이노 라인 트랙 자동차를 만들 때 가장 중요한 내용을 배웠습니다. 여기서 배운 내용을 이용해서 더 멋진 작품을 만들어봅시다.

클릭했을 때
무한 반복하기
PWM 5 핀에 100 보내기
PWM 6 핀에 0 보내기
3 초 기다리기
PWM 5 핀에 0 보내기
PWM 6 핀에 0 보내기
1 초 기다리기
PWM 5 핀에 0 보내기
PWM 6 핀에 100 보내기
3 초 기다리기
PWM 5 핀에 0 보내기
PWM 6 핀에 0 보내기
1 초 기다리기

그림 2-25 시계방향으로 회전-멈추기-시계반대방향으로 회전-멈추기

2 모터의 속도를 바꿔요

이제 곰돌이와 이야기를 주고받으면서 모터의 회전속도를 바꿔보는 프로그램을 만들어보겠습니다. 그림 2-26과 같이 코딩해 보겠습니다.

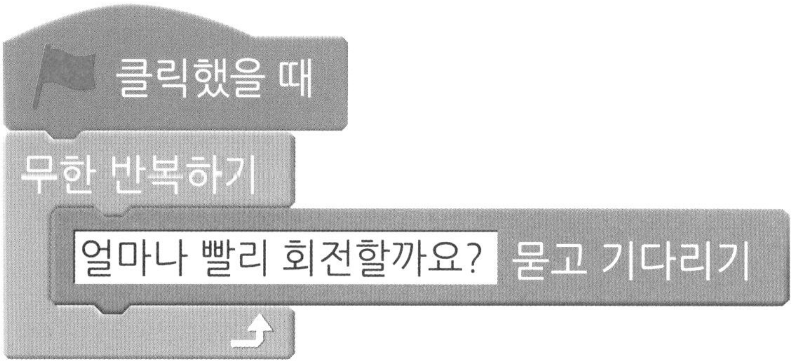
클릭했을 때
무한 반복하기
얼마나 빨리 회전할까요? 묻고 기다리기

그림 2-26 묻고 기다리기

〈관찰〉 블록 모음을 클릭해서 그림 2-27의 명령어를 사용하면 됩니다.

얼마나 빨리 회전할까요? 묻고 기다리기

그림 2-27 묻고 기다리기 블록

그림 2-28처럼 대답을 체크하고 프로그램을 실행해 보겠습니다.

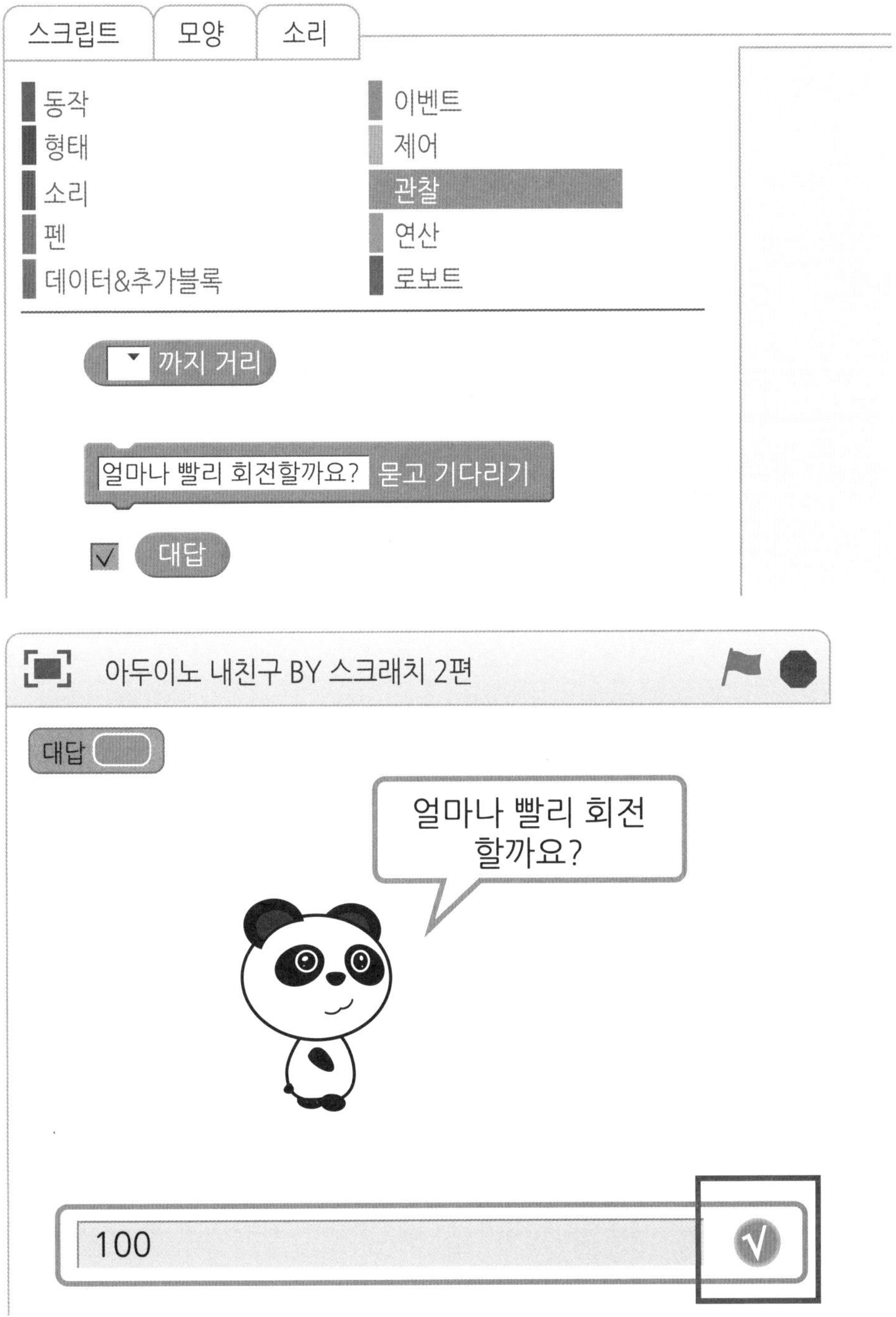

그림 2-28 얼마나 빨리 회전할까요?

그러면 곰돌이가 이렇게 말합니다. 100을 쓰고 체크 표시를 클릭합니다. 그러면 대답 값이 100이 됩니다. 무엇이랑 비슷하지 않나요? 대답은 변수와 같습니다. 우리가 100이라는 대답을 하면 대답 변수에 100 값이 저장됩니다. 〈그림 2-29〉

그림 2-29 대답 변수 값에 100을 저장

그래서 그림 2-30처럼 코딩을 하면 우리가 대답한 값만큼 모터가 시계 방향으로 회전하게 됩니다.

참 신기하죠?

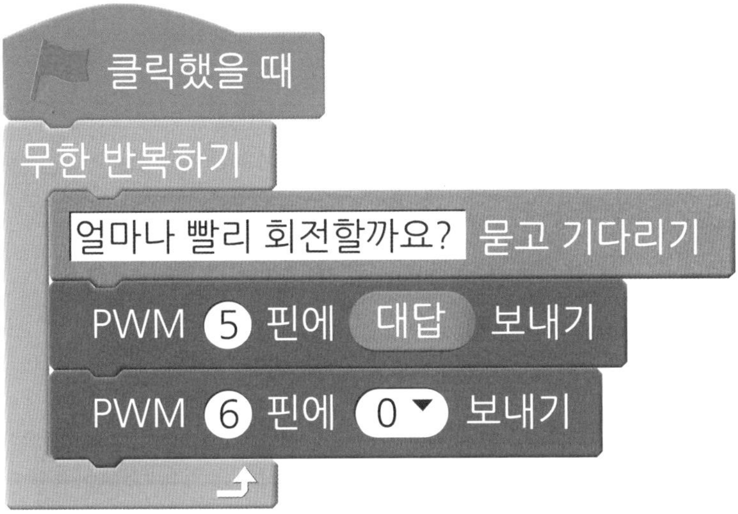
클릭했을 때
무한 반복하기
얼마나 빨리 회전할까요? 묻고 기다리기
PWM 5 핀에 대답 보내기
PWM 6 핀에 0 보내기

그림 2-30 대답 변수 값만큼 회전하기

그런데 PWM 핀으로 0부터 255까지의 값만 보낼 수 있습니다. 이럴 때는 조건을 사용하면 됩니다.

우선 그림 2-31과 같이 대답한 값이 255보다 크면 곰돌이가 크다고 말하도록 코딩을 하겠습니다.

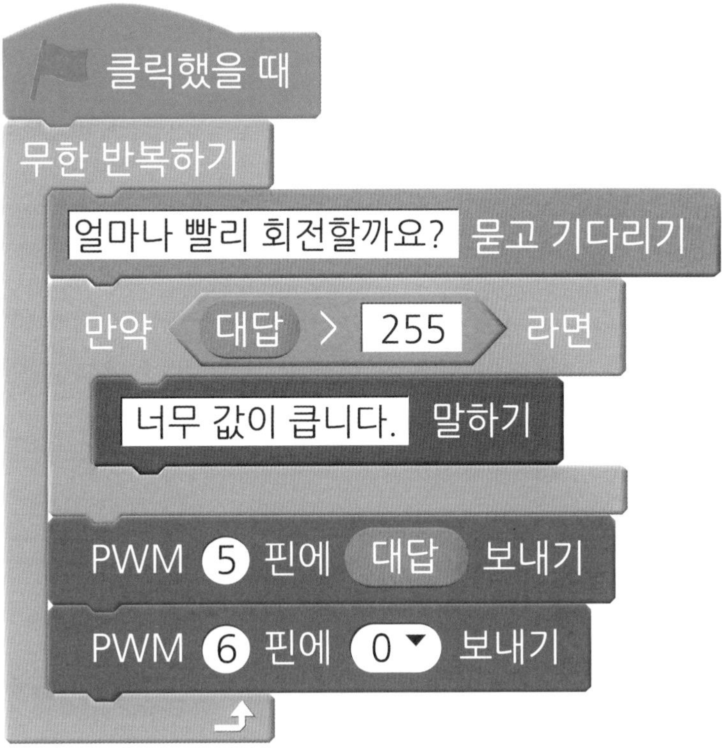
클릭했을 때
무한 반복하기
얼마나 빨리 회전할까요? 묻고 기다리기
만약 대답 > 255 라면
너무 값이 큽니다. 말하기
PWM 5 핀에 대답 보내기
PWM 6 핀에 0 보내기

그림 2-31 대답이 255보다 크면 너무 값이 크다고 말하기

이렇게 하면 될까요? 프로그램을 실행하고 256이라고 대답해 봅시다. 그러면 〈너무 값이 큽니다.〉라고 말하자마자 다시 〈얼마나 빨리 회전할까요?〉를 묻고 기다립니다. 그리고 모터가 회전을 합니다.

어떻게 하면 될까요?

그림 2-32처럼 코딩하면 문제를 해결할 수 있습니다. **만약 ~아니면** 명령어와 **기다리기** 명령어를 사용합니다.

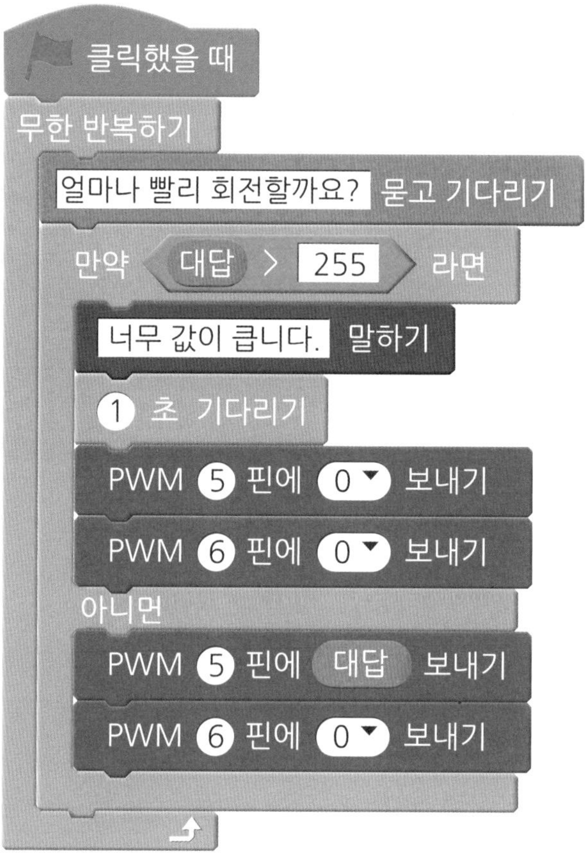
클릭했을 때
무한 반복하기
얼마나 빨리 회전할까요? 묻고 기다리기
만약 대답 > 255 라면
너무 값이 큽니다. 말하기
1 초 기다리기
PWM 5 핀에 0 보내기
PWM 6 핀에 0 보내기
아니면
PWM 5 핀에 대답 보내기
PWM 6 핀에 0 보내기

그림 2-32 값이 너무 크면 모터를 움직이지 않기

대답한 값이 255보다 크면 너무 값이 크다고 말하고 1초를 기다립니다. 그리고 PWM 디지털 5, 6번 모두에게 전압을 주지 않아서 모터를 멈추게 합니다.

만약 대답한 값이 0보다 작으면 어떻게 할까요?
너무 작다고 말하면 되겠죠? 〈그림 2-33〉

모두 3가지 경우가 있습니다. 대답이 255보다 큰 경우, 대답이 0보다 작은 경우, 대답이 0과 255 사이인 경우입니다.

순서	조건	하는 일
1	대답이 255보다 큰 경우	너무 값이 크다고 말하기
2	대답이 0보다 작은 경우	너무 값이 작다고 말하기
3	대답이 0과 255 사이인 경우	PMW 디지털 5번 핀으로 대답한 값만큼 보내기

만약 1번 경우가 아니면 2번과 3번 경우입니다. 이 중에서 2번 경우가 아니면 3번 경우입니다.

이렇게 **만약 ~아니면** 블록을 사용하면 경우에 따라서 다른 일을 할 수 있습니다.

클릭했을 때
무한 반복하기
얼마나 빨리 회전할까요? 묻고 기다리기
만약 대답 > 255 라면
너무 값이 큽니다. 말하기
1 초 기다리기
PWM 5 핀에 0 보내기
PWM 6 핀에 0 보내기
아니면
만약 대답 < 0 라면
너무 값이 작습니다. 말하기
1 초 기다리기
아니면
PWM 5 핀에 대답 보내기
PWM 6 핀에 0 보내기

그림 2-33 대답 변수 값에 따라서 회전하는 모터

아니면 그림 2-34처럼 **만약~라면**을 이용해서 코딩을 해도 됩니다.

이제 조건을 잘 생각해서 코딩을 할 수 있겠죠?

클릭했을 때
무한 반복하기
얼마나 빨리 회전할까요? 묻고 기다리기
만약 대답 > 255 라면
너무 값이 큽니다. 말하기
1 초 기다리기
PWM 5 핀에 0 보내기
PWM 6 핀에 0 보내기
만약 대답 < 0 라면
너무 값이 작습니다. 말하기
1 초 기다리기
PWM 5 핀에 0 보내기
PWM 6 핀에 0 보내기
만약 대답 > 0 그리고 대답 < 255 라면
PWM 5 핀에 대답 보내기
PWM 6 핀에 0 보내기

그림 2-34 만약~라면 블록을 이용하여 코딩하기

그리고 다음과 같은 프로그램을 만들어보겠습니다.

모터가 점점 빨리 회전하다가 최고 속력이 되면 엘이디가 깜빡입니다. 그리고 모터가 반대 방향으로 점점 느리게 회전하는 것을 반복하도록 코딩을 하겠습니다.

순서대로 써볼까요?

모터 회전 속도는 0으로 시작한다.

모터 회전 속도가 점점 빨라진다.

최고 속도가 되면 엘이디가 켜진다.

모터가 반대 방향으로 점점 느리게 회전한다.

다시 2번 실행한다.

우선 속도가 점점 빨라지는 것부터 코딩을 해보겠습니다. 한 번에 한 가지 문제만 집중해서 해결한다는 것! 꼭 기억해 주세요.

그림 2-35처럼 코딩하면 회전변수가 1씩 커져서 모터가 점점 빨리 회전합니다. 그러다가 회전 변수의 값이 255보다 커지면 모터가 멈춥니다.

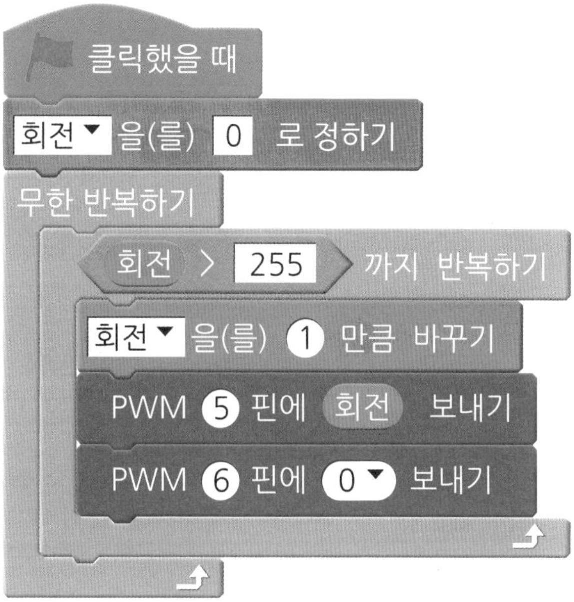
클릭했을 때
회전 을(를) 0 로 정하기
무한 반복하기
회전 > 255 까지 반복하기
회전 을(를) 1 만큼 바꾸기
PWM 5 핀에 회전 보내기
PWM 6 핀에 0 보내기

그림 2-35 점점 빨리 회전하는 모터

그리고 아두이노 보드에 있는 엘이디를 깜빡입니다. 아두이노 보드에 있는 엘이디(LED)는 디지털 13번 핀과 연결되어 있습니다.

디지털 13 핀에 켜짐 보내기
1 초 기다리기
디지털 13 핀에 꺼짐 보내기

그림 2-36 아두이노 엘이디(LED) 깜빡이기

클릭했을 때
회전 을(를) 0 로 정하기
무한 반복하기
회전 > 255 까지 반복하기
회전 을(를) 1 만큼 바꾸기
PWM 5 핀에 회전 보내기
PWM 6 핀에 0 보내기
디지털 13 핀에 켜짐 보내기
1 초 기다리기
디지털 13 핀에 꺼짐 보내기

그림 2-37 회전을 멈추고 아두이노 엘이디(LED) 깜빡이기

그리고 점점 천천히 반대 방향으로 회전하도록 만들겠습니다.

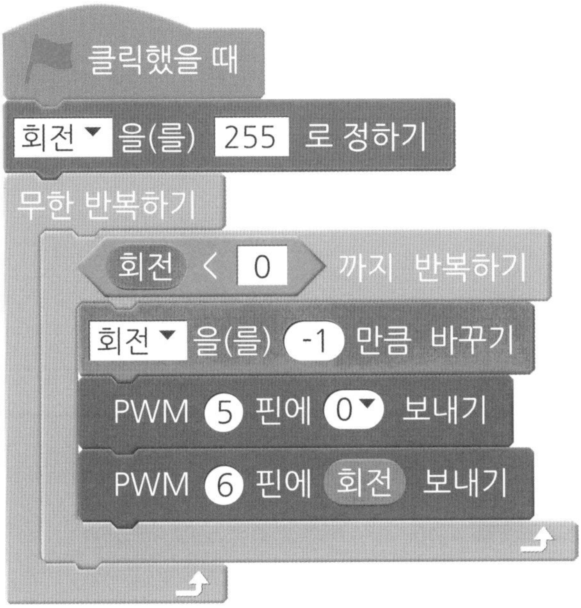
클릭했을 때
회전 을(를) 255 로 정하기
무한 반복하기
회전 < 0 까지 반복하기
회전 을(를) -1 만큼 바꾸기
PWM 5 핀에 0 보내기
PWM 6 핀에 회전 보내기

그림 2-38 점점 느리게 회전하는 모터

이제 무엇을 하면 되죠? 그렇죠, 그림 2-39처럼 프로그램을 서로 연결하면 됩니다. 회전 변수 값은 0에서 255, 255에서 다시 0으로 반복합니다. 반복적으로 커졌다가 작아집니다. 따라서 처음에만 회전 변수 값을 0으로 정하면 됩니다.

클릭했을 때
회전 을(를) 0 로 정하기
무한 반복하기
회전 > 255 까지 반복하기
회전 을(를) 1 만큼 바꾸기
PWM 5 핀에 회전 보내기
PWM 6 핀에 0 보내기
디지털 13 핀에 켜짐 보내기
1 초 기다리기
디지털 13 핀에 꺼짐 보내기
회전 < 0 까지 반복하기
회전 을(를) -1 만큼 바꾸기
PWM 5 핀에 0 보내기
PWM 6 핀에 회전 보내기

그림 2-39 점점 빨라지다가 느려지는 모터

문제를 멋지게 해결했나요? 혹시나 생각한 대로 안 되면 우선 회로를 잘 보고 코딩한 것을 차근차근 살펴보길 바랍니다.

3 화살표 키로 움직이는 모터

다른 방법으로 모터의 회전 속도와 방향을 바꾸는 방법은 없을까요? 이번에는 키보드의 화살표 키와 스페이스 키를 이용해서 속도와 방향을 바꿔보겠습니다.

그림 2-40은 1편에서 게임을 만들 때 코딩한 것입니다.

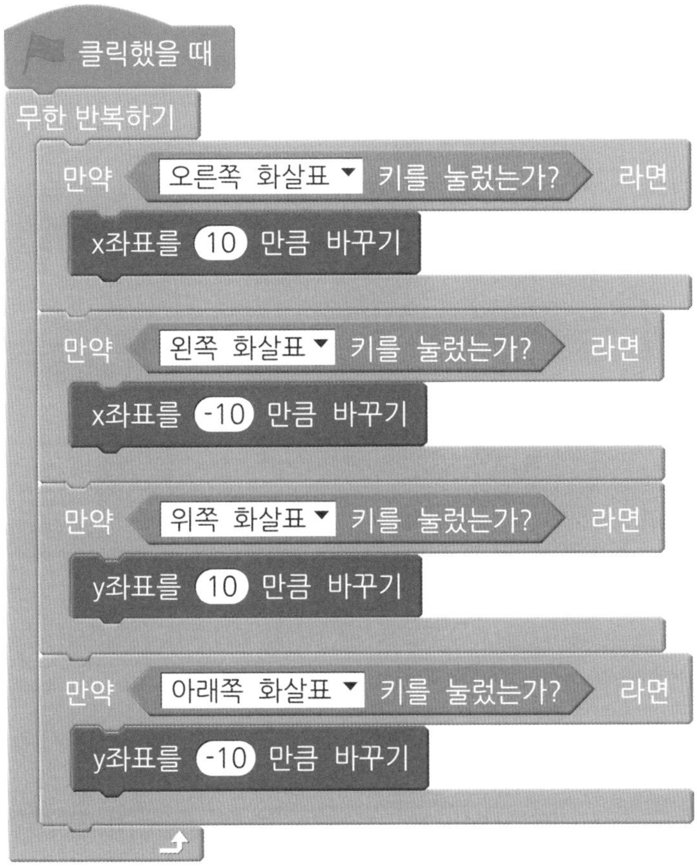
클릭했을 때
무한 반복하기
만약 오른쪽 화살표 키를 눌렀는가? 라면
x좌표를 10 만큼 바꾸기
만약 왼쪽 화살표 키를 눌렀는가? 라면
x좌표를 -10 만큼 바꾸기
만약 위쪽 화살표 키를 눌렀는가? 라면
y좌표를 10 만큼 바꾸기
만약 아래쪽 화살표 키를 눌렀는가? 라면
y좌표를 -10 만큼 바꾸기

그림 2-40 화살표 키로 움직이기

이것을 보고 잘 생각하여 코딩을 해봅시다. 우리가 코딩하고 싶은 것을 순서대로 썼습니다.

위쪽 화살표 키를 누르면 회전 속도가 점점 빨라진다.

▼

아래쪽 화살표 키를 누르면 회전 속도가 점점 느려진다.

▼

스페이스 키를 누르면 회전 방향이 바뀐다.

회전 속도를 바꾸는 것은 감이 오는데 회전 방향은 어떻게 바꾸면 될까요? 변수를 사용하면 문제를 멋지게 해결할 수 있습니다.

우선 그림 2-41처럼 위쪽 화살표 키를 누르면 회전 속도가 점점 빨라지도록 코딩을 해보겠습니다.

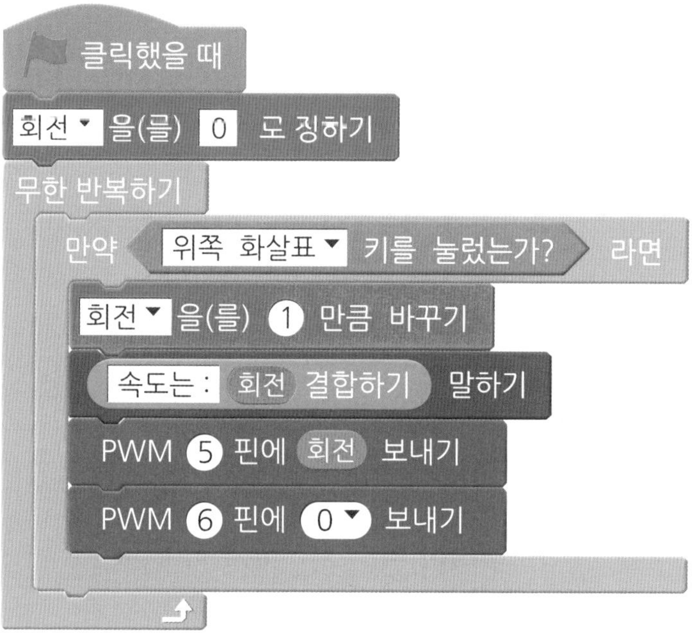
클릭했을 때
회선 ▾ 을(를) 0 로 징하기
무한 반복하기
만약 위쪽 화살표 ▾ 키를 눌렀는가? 라면
회전 ▾ 을(를) 1 만큼 바꾸기
속도는 : 회전 결합하기 말하기
PWM 5 핀에 회전 보내기
PWM 6 핀에 0 ▾ 보내기
그림 2-41 위쪽 화살표키로 모터를 점점 빠르게 회전시키기

그림 2-42와 같이 프로그램을 업로딩하고 잘 살펴봅시다. 위쪽 화살표 키를 누르면 속도가 점점 빨라집니다. 그리고 곰돌이는 (속도는 : 회전 〈변수의 값〉)이라고 말합니다. **결합하기** 명령어 블록은 글자를 서로 합쳐줍니다.

아두이노 내친구 BY 스크래치 2편
회전 67
속도는: 67

그림 2-42 결합하기 블록을 사용하기

하지만 PWM 디지털 핀에 255까지의 값만 보낼 수 있습니다. 255보다 크면 최고 속도로 회전합니다. 어떻게 코딩하면 될까요?

만약 ~ 블록 안에 다시 **만약 ~** 블록을 넣으면 문제를 멋지게 해결할 수 있습니다. 〈그림 2-43〉

클릭했을 때
회전 을(를) 0 로 정하기
무한 반복하기
만약 위쪽 화살표 키를 눌렀는가? 라면
회전 을(를) 1 만큼 바꾸기
속도는 : 회전 결합하기 말하기
PWM 5 핀에 회전 보내기
PWM 6 핀에 0 보내기
만약 회전 > 255 라면
회전 을(를) 255 로 정하기
PWM 5 핀에 회전 보내기
PWM 6 핀에 0 보내기

그림 2-43 회전 변수 값이 255보다 클 경우 모터를 255의 값으로 회전하기

다음으로 아래쪽 화살표 키를 누르면 회전 속도가 점점 느려지게 코딩을 해보겠습니다.

그림 2-44처럼 코딩하고 아래쪽 화살표 키를 누르면 점점 회전하는 속도가 느려집니다. 최고 속도에서 점점 느려져야 하므로 회전 변수에 255 값을 저장했습니다.

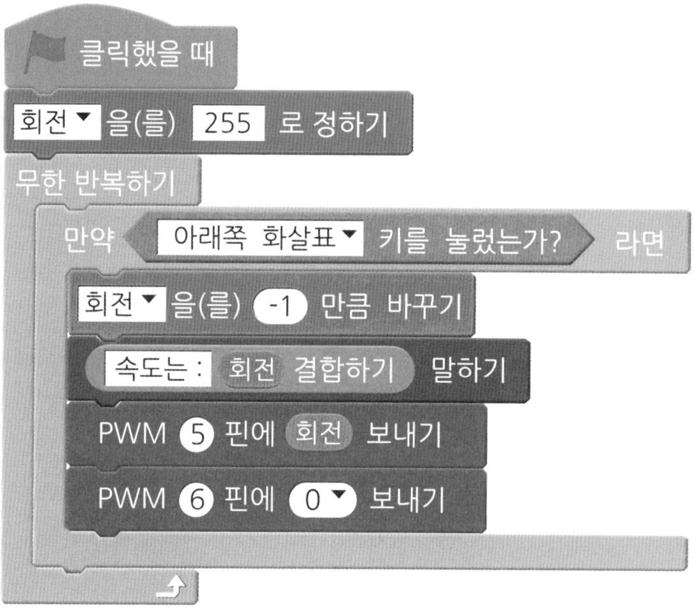
클릭했을 때
회전 을(를) 255 로 정하기
무한 반복하기
만약 아래쪽 화살표 키를 눌렀는가? 라면
회전 을(를) -1 만큼 바꾸기
속도는 : 회전 결합하기 말하기
PWM 5 핀에 회전 보내기
PWM 6 핀에 0 보내기

그림 2-44 아래쪽 화살표 키로 모터를 점점 느리게 회전시키기

아두이노 내친구 BY 스크래치 2편
회전 203
속도는: 203

그림 2-45 결합하기 블록을 사용하기

마찬가지로 회전 변수가 0보다 작을 수 없습니다. 앞에서 코딩한 것을 반대로 생각하여 문제를 해결해보겠습니다. 〈그림 2-46〉

클릭했을 때
회전 을(를) 255 로 정하기
무한 반복하기
만약 아래쪽 화살표 키를 눌렀는가? 라면
회전 을(를) -1 만큼 바꾸기
속도는 : 회전 결합하기 말하기
PWM 5 핀에 회전 보내기
PWM 6 핀에 0 보내기
만약 회전 < 0 라면
회전 을(를) 0 로 정하기
PWM 5 핀에 회전 보내기
PWM 6 핀에 0 보내기

그림 2-46 회전 변수 값이 0보다 작은 경우 모터를 멈추기

어때요, 참 쉽죠?

그리고 그림 2-47처럼 두 가지 프로그램을 합쳐서 실행해 보겠습니다.

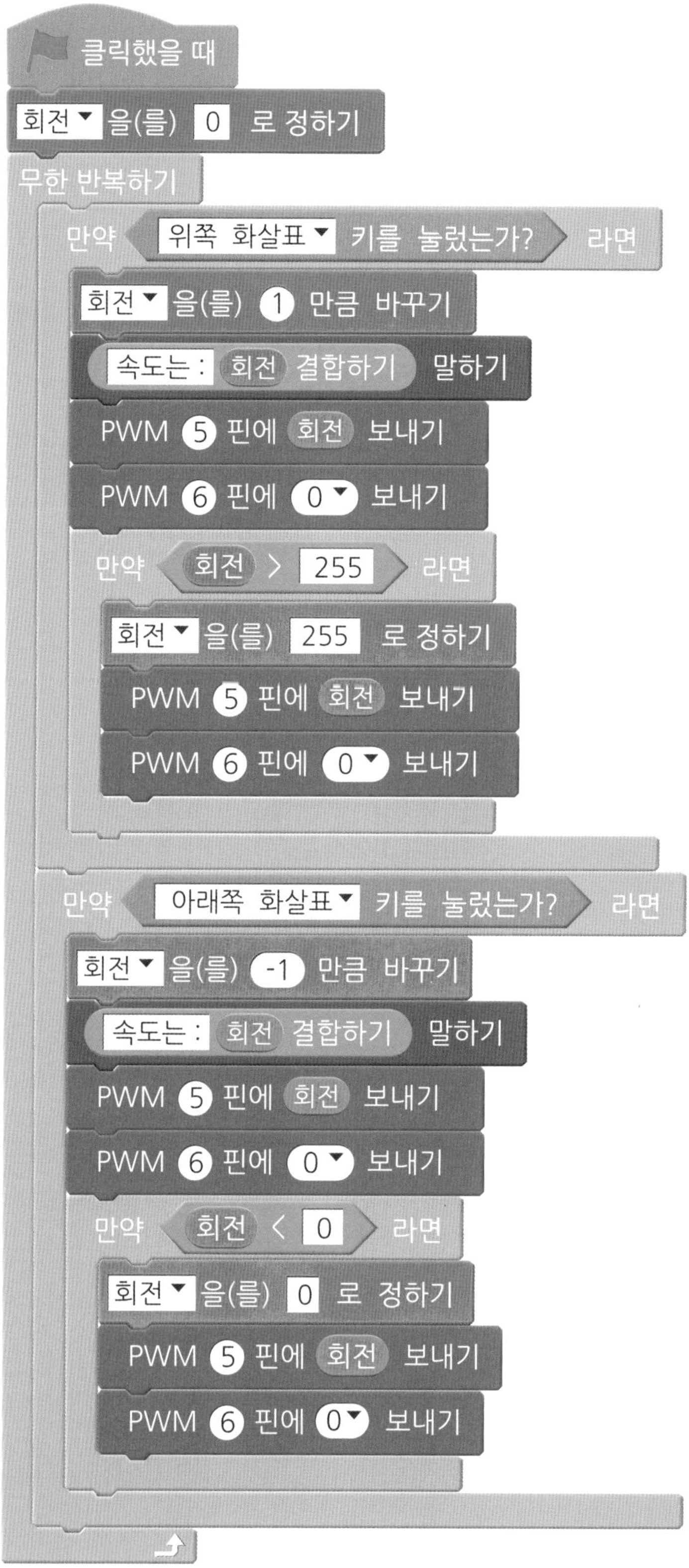
클릭했을 때
회전 을(를) 0 로 정하기
무한 반복하기
만약 위쪽 화살표 키를 눌렀는가? 라면
회전 을(를) 1 만큼 바꾸기
속도는 : 회전 결합하기 말하기
PWM 5 핀에 회전 보내기
PWM 6 핀에 0 보내기
만약 회전 > 255 라면
회전 을(를) 255 로 정하기
PWM 5 핀에 회전 보내기
PWM 6 핀에 0 보내기
만약 아래쪽 화살표 키를 눌렀는가? 라면
회전 을(를) -1 만큼 바꾸기
속도는 : 회전 결합하기 말하기
PWM 5 핀에 회전 보내기
PWM 6 핀에 0 보내기
만약 회전 < 0 라면
회전 을(를) 0 로 정하기
PWM 5 핀에 회전 보내기
PWM 6 핀에 0 보내기

그림 2-47 방향키로 모터 속도 바꾸기

아~ 코딩이 너무 길지 않나요? 한눈에 들어오지 않아 이해하기가 너무 힘듭니다. 어떻게 하면 코딩을 깔끔하게 할 수 있을까요? 바로 함수입니다. 〈그림 2-48〉

정의하기 점점 빨리 회전
만약 위쪽 화살표 키를 눌렀는가? 라면
회전 을(를) 1 만큼 바꾸기
속도는 : 회전 결합하기 말하기
PWM 5 핀에 회전 보내기
PWM 6 핀에 0 보내기
만약 회전 > 255 라면
회전 을(를) 255 로 정하기
PWM 5 핀에 회전 보내기
PWM 6 핀에 0 보내기
정의하기 점점 느리게 회전
만약 아래쪽 화살표 키를 눌렀는가? 라면
회전 을(를) -1 만큼 바꾸기
속도는 : 회전 결합하기 말하기
PWM 5 핀에 회전 보내기
PWM 6 핀에 0 보내기
만약 회전 < 0 라면
회전 을(를) 0 로 정하기
PWM 5 핀에 회전 보내기
PWM 6 핀에 0 보내기
클릭했을 때
회전 을(를) 0 로 정하기
무한 반복하기
점점 빨리 회전
점점 느리게 회전

그림 2-48 함수 사용

어때요? 엄청 깔끔하고 이해하기 쉽지 않나요?

이제 마지막으로 스페이스 키를 누르면 모터의 회전 방향을 바꾸도록 코딩을 해보겠습니다. 이 부분을 잘 해결한다면 여러분의 코딩 실력은 더욱 성장하게 될 것입니다. 여러분 스위치 아시죠? 스위치를 눌러서 회전방향을 바꾼다고 생각하면 쉽습니다.

그럼 스크래치에서 어떻게 스위치를 만들까요? 바로 변수입니다. 회전 방향 변수를 만들어서 스위치처럼 사용해봅시다.

스위치는 두 가지 값을 갖습니다. 〈켜진다-꺼진다〉와 같이 말이죠. 회전 방향 변수가 두 가지 값을 갖고 스페이스키를 눌렀을 때 값이 바뀌면 되지 않을까요? 우리가 생각하는 것을 순서대로 써봅시다.

회전 방향 변수를 0으로 정한다.

스페이스 키를 눌렀는데 회전 방향의 변수가 0이면 회전 방향의 변수를 1로 정한다.

스페이스 키를 눌렀는데 회전 방향의 변수가 1이면 회전 방향의 변수를 0으로 정한다.

두 번째와 세 번째 명령을 계속 반복한다.

그럼 회전 방향의 변수가 0과 1 값만 갖도록 코딩을 해보겠습니다.

자세히 보면 조건 안에 조건이 있다는 것을 알 수 있습니다. 이 모양을 잘 생각하면서 그림 2-49처럼 코딩을 해봅시다.

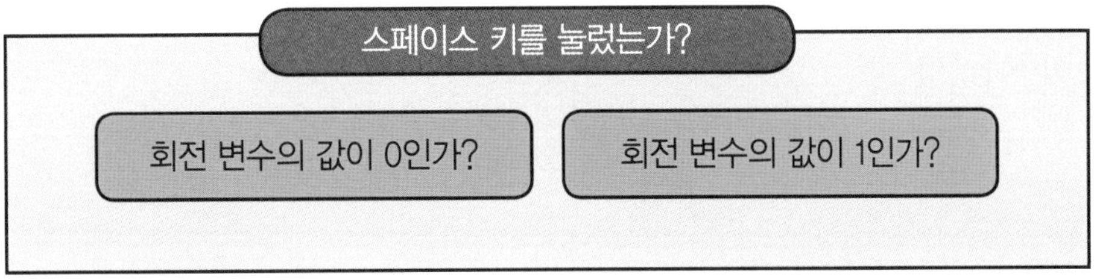
스페이스 키를 눌렀는가?
회전 변수의 값이 0인가?
회전 변수의 값이 1인가?

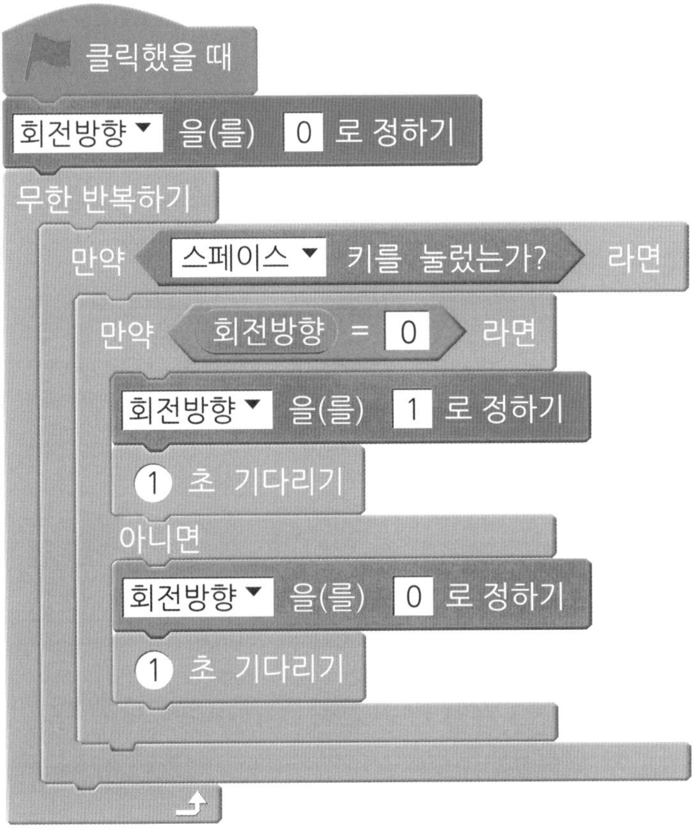
클릭했을 때
회전방향 을(를) 0 로 정하기
무한 반복하기
만약 스페이스 키를 눌렀는가? 라면
만약 회전방향 = 0 라면
회전방향 을(를) 1 로 정하기
1 초 기다리기
아니면
회전방향 을(를) 0 로 정하기
1 초 기다리기

그림 2-49 스페이스 키로 회전 방향 변수 값 바꾸기

어때요? 참 쉽죠?

회전 방향 변수를 사용해서 남은 문제도 멋지게 해결해봅시다. 우리가 원하는 프로그램을 잘 분석하면 조건 안에 조건이 있다는 것을 알 수 있습니다.

〈위쪽 화살표 키를 눌렀을 때〉의 조건 안에 〈회전 방향 변수 값이 0일 때〉의 조건이 있는 것입니다.

정의하기
점점 빨리 회전
만약
위쪽 화살표
키를 눌렀는가?
라면
만약
회전방향
=
0
라면
아니면
그림 2-50 조건 블럭안에 조건 블럭 넣기

1. 위쪽 화살표 키를 눌렀을 때 회전 방향 변수 값이 0이면 시계 방향으로 회전하면서 속도가 점점 빨라진다.

2. 위쪽 화살표 키를 눌렀을 때 회전 방향 변수 값이 0이 아니면 시계 반대 방향으로 회전하면서 속도가 점점 빨라진다.

1의 경우 그림 2-51처럼 코딩합니다.

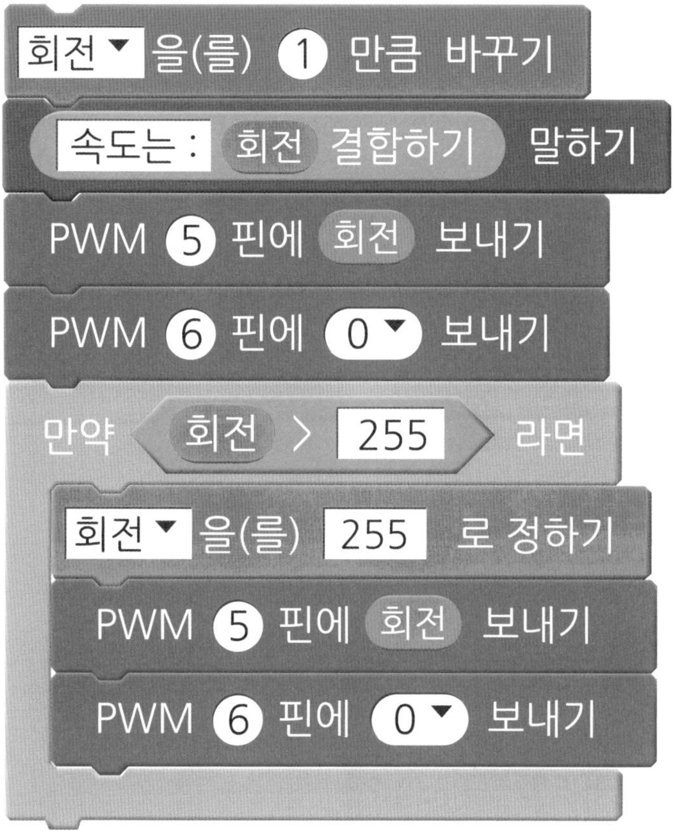
회전 을(를) 1 만큼 바꾸기
속도는 : 회전 결합하기 말하기
PWM 5 핀에 회전 보내기
PWM 6 핀에 0 보내기
만약 회전 > 255 라면
회전 을(를) 255 로 정하기
PWM 5 핀에 회전 보내기
PWM 6 핀에 0 보내기

그림 2-51 시계방향으로 회전하기

2의 경우일 때는 그림 2-52처럼 코딩합니다. 1의 경우일 때 만든 코딩을 복사해서 몇 개만 바꾸면 쉽게 코딩할 수 있습니다.

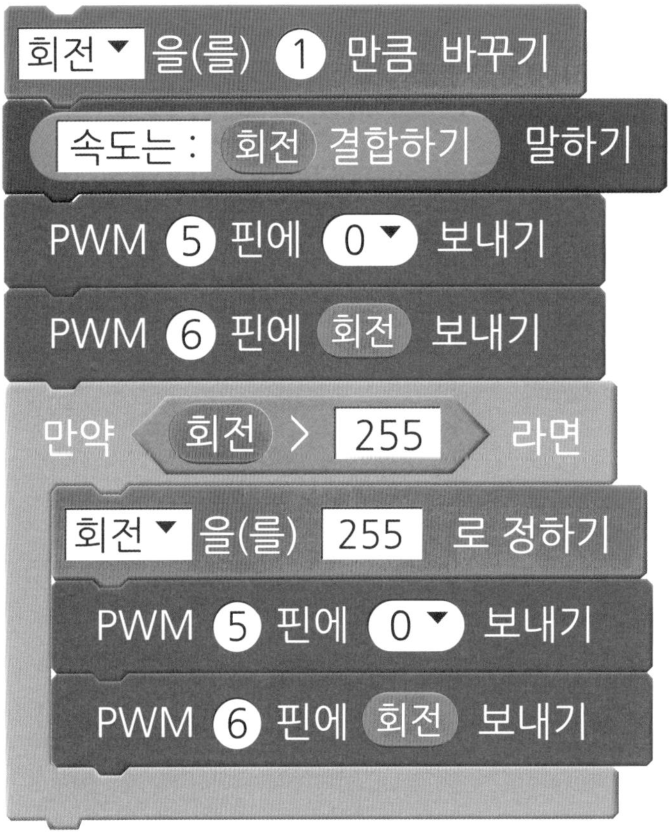
회전 을(를) 1 만큼 바꾸기
속도는 : 회전 결합하기 말하기
PWM 5 핀에 0 보내기
PWM 6 핀에 회전 보내기
만약 회전 > 255 라면
회전 을(를) 255 로 정하기
PWM 5 핀에 0 보내기
PWM 6 핀에 회전 보내기

그림 2-52 시계반대방향으로 회전하기

그리고 이것을 그림 2-53처럼 합치면 됩니다.

정의하기 점점 빨리 회전
만약 위쪽 화살표 키를 눌렀는가? 라면
만약 회전방향 = 0 라면
회전 을(를) 1 만큼 바꾸기
속도는 : 회전 결합하기 말하기
PWM 5 핀에 회전 보내기
PWM 6 핀에 0 보내기
회전 > 255 라면
회전 을(를) 255 로 정하기
PWM 5 핀에 회전 보내기
PWM 6 핀에 0 보내기
아니면
회전 을(를) 1 만큼 바꾸기
속도는 : 회전 결합하기 말하기
PWM 5 핀에 0 보내기
PWM 6 핀에 회전 보내기
만약 회전 > 255 라면
회전 을(를) 255 로 정하기
PWM 5 핀에 0 보내기
PWM 6 핀에 회전 보내기

그림 2-53 회전방향 변수 값에 따라서 바뀌는 모터의 회전방향

그림 2-54처럼 회전 변수는 0으로 정하고 회전 방향 변수는 0으로 정합니다. 그리고 점점 빨리 회전 함수만 연결하고 프로그램을 실행해봅니다.

클릭했을 때
회전 을(를) 0 로 정하기
회전방향 을(를) 0 로 정하기
무한 반복하기
점점 빨리 회전

그림 2-54 함수를 이용하여 코딩하기

위쪽 화살표 키를 누르다가 스페이스 키를 누릅니다. 그러면 회전 방향 변수 값이 1이 됩니다. 그리고 다시 위쪽 화살표 키를 누르면 반대로 회전합니다.

아두이노 내친구 BY 스크래치 2편
회전방향 1
회전 155
속도는: 155

그림 2-55 스페이스 키로 회전방향 바꾸기

아래쪽 화살표 키를 누르는 경우도 코딩을 합니다.

정의하기 점점 느리게 회전
만약 아래쪽 화살표 ▼ 키를 눌렀는가? 라면
만약 회전방향 = 0 라면
회전 ▼ 을(를) -1 만큼 바꾸기
속도는 : 회전 결합하기 말하기
PWM 5 핀에 회전 보내기
PWM 6 핀에 0▼ 보내기
만약 회전 < 0 라면
회전 ▼ 을(를) 0 로 정하기
PWM 5 핀에 회전 보내기
PWM 6 핀에 0▼ 보내기
아니면
회전 ▼ 을(를) -1 만큼 바꾸기
속도는 : 회전 결합하기 말하기
PWM 5 핀에 0▼ 보내기
PWM 6 핀에 회전 보내기
만약 회전 < 0 라면
회전 ▼ 을(를) 0 로 정하기
PWM 5 핀에 0▼ 보내기
PWM 6 핀에 회전 보내기

그림 2-56 〈점점 느리게 회전〉 함수

회전 방향을 바꾸는 것도 함수로 만들어서 코딩합니다.

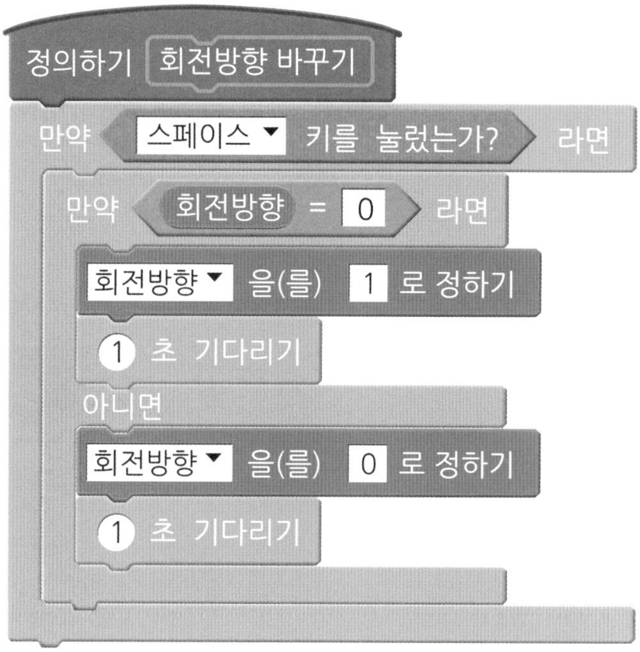
정의하기 회전방향 바꾸기
만약 스페이스 키를 눌렀는가? 라면
만약 회전방향 = 0 라면
회전방향 을(를) 1 로 정하기
1 초 기다리기
아니면
회전방향 을(를) 0 로 정하기
1 초 기다리기
그림 2-57 〈회전방향 바꾸기〉 함수

회전 방향 변수는 회전 변수와 함께 코딩하겠습니다.

그래야 어떤 변수를 사용했는지 한 눈에 확인할 수 있어서 좋습니다.

클릭했을 때
회전 을(를) 0 로 정하기
회전방향 을(를) 0 로 정하기
무한 반복하기
점점 빨리 회전
점점 느리게 회전
회전방향 바꾸기
그림 2-58 함수를 이용한 코딩 완성하기

함수를 사용하면 이렇게 깔끔하게 코딩을 할 수 있습니다.

코딩할 때는 먼저 해야 할 일을 나눕니다. 문제를 분석하는 거죠. 그리고 문제를 하나씩 해결합니다. 이렇게 해결한 것을 함수로 만들면 됩니다.

함수를 사용하면 이해하기 쉽고 필요할 때 그 함수를 쓰면 되니까 편하게 코딩을 할 수 있습니다.

이해가 안 된 부분은 반복해서 읽어서 배운 내용을 여러분의 머리와 마음속에 보물처럼 간직하길 바랍니다.

4 모터 두 개를 연결해요

이제 머리가 조금 아파지는 시간이 왔습니다. 설명한 대로 연결하지 않으면 모터가 반대로 움직입니다. 이런 경우 코딩이 잘못되었는지 회로가 잘못되었는지 확인하기가 어렵습니다.

처음 배우는 사람은 누구나 어려워합니다. 공부하다가 머리가 아픈 것은 자연스러운 일이니 너무 걱정할 필요 없습니다. 열정을 갖고 꾸준히 반복하여 읽다보면

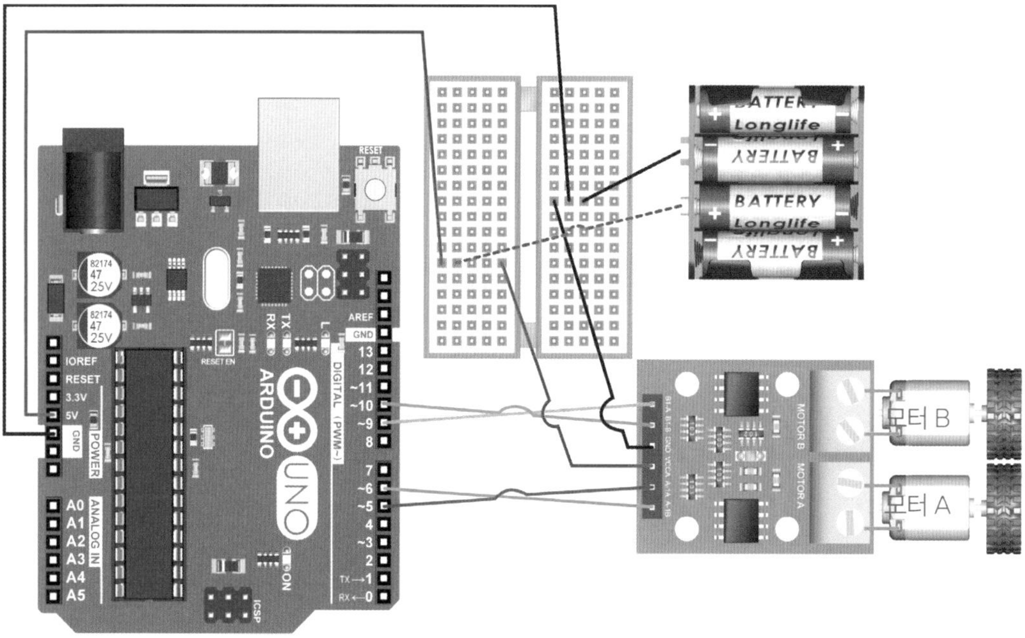

그림 2-59 아두이노와 모터 드라이버 및 모터 2대 연결

어느 순간 탁 이해가 될 것입니다.

'빨간색은 플러스, 검은색은 마이너스'

전자회로를 만들 때 보물과 같은 지식입니다. 모터의 빨간색 선은 플러스 극과 연결하고 검은색 선은 마이너스 극과 연결합니다.

그리고 그림 2-60처럼 모터 드라이버 모듈의 핀과 아두이노의 디지털 핀을 연결합니다. 다음 표를 보고 연결합니다.

	모터(MOTOR) A		모터(MOTOR) B	
	A-IA	A-IB	B-IA	B-IB
연결하는 디지털 핀	5번	6번	9번	10번

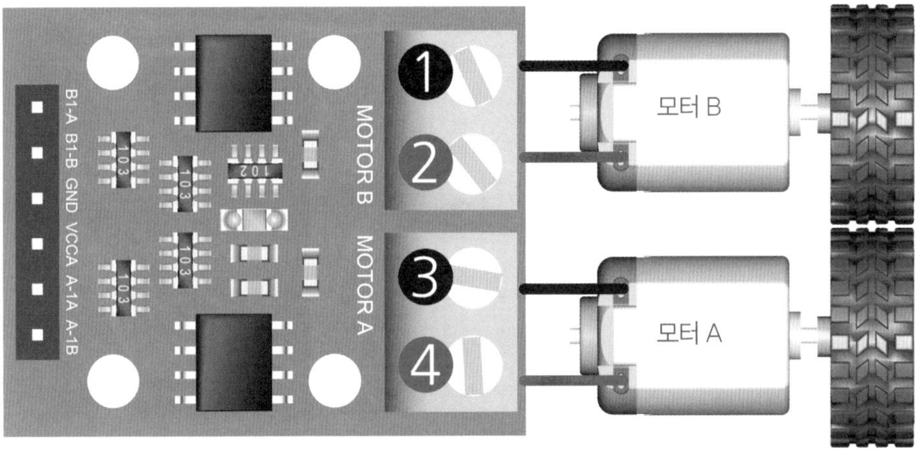

그림 2-60 모터 2개 연결하기

'A-IA의 A가 A-IB의 B보다 알파벳순으로 먼저이다. 따라서 5, 6중 더 먼저인 5번 핀과 연결한다.'

어때요? 이렇게 이해하니 참 쉽죠?

만약 모터(MOTOR) A와 연결된 5번 핀으로 전압을 주고, 6번 핀으로 전압을 주지 않으면 어떻게 될까요? 그림 2-61처럼 바퀴를 봤을 때 모터가 시계 방향으로 회전합니다.

그림 2-61 시계방향으로 회전하는 모터

그림 2-61처럼 항상 바퀴를 보면서 어떤 방향으로 회전하는지 살펴본다는 것! 중요한 내용이니 다시 한 번 기억해주세요.

그림 2-62와 같이 선이 없는 쪽에 바퀴를 연결하는 것도 잊지 않았죠?

그림 2-62 바퀴 연결하기

모터 2개를 사용해서 자동차처럼 움직여 보겠습니다. 자동차는 어떻게 움직일까요? 생각나는 대로 적어 봅시다.

- 앞으로 움직인다.
- 뒤로 움직인다.
- 왼쪽으로 움직인다.
- 오른쪽으로 움직인다.
- 멈춘다.

이렇게 5가지 경우를 생각할 수 있습니다. 이 5가지 경우에 바퀴가 각각 어떻게 움직이는지 생각하면서 코딩을 해봅시다.

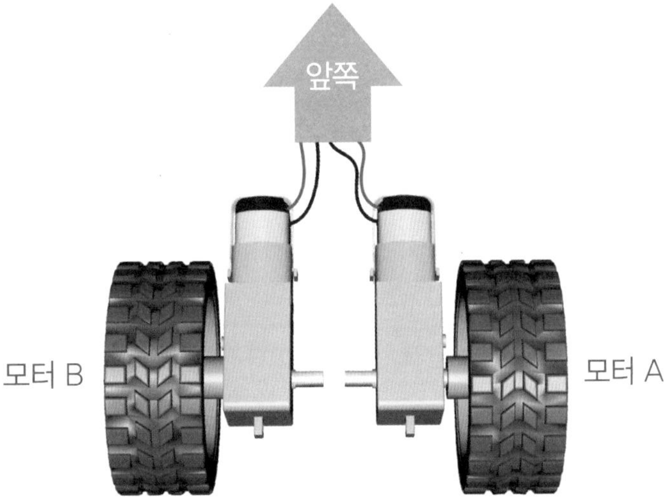

그림 2-63 모터 A는 오른쪽 바퀴-모터 B는 왼쪽 바퀴

모터 두 개를 이렇게 두고 생각해보겠습니다.

디지털 5, 6번과 연결된 모터(MOTOR) A는 오른쪽 바퀴입니다. 디지털 9, 10번과 연결된 모터(MOTOR) B는 왼쪽 바퀴입니다.

문제를 하나씩 해결해봅시다.

먼저 앞으로 움직이도록 코딩을 하겠습니다. 모터(MOTOR) A(오른쪽)와 모터(MOTOR) B(왼쪽)가 어떻게 움직여야 할까요?

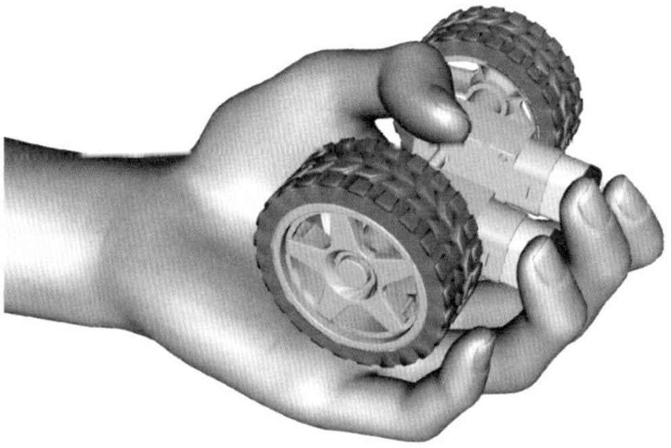

그림 2-64 손으로 모터를 잡고 회전방향 생각하기

그림 2-64처럼 모터를 두 손으로 잡고 곰곰이 생각해봅시다. 검은색 바퀴에 스티커를 붙이고 생각하는 것도 좋은 방법입니다. 아니면 손이 바퀴라고 생각하면서 돌려보는 것도 좋습니다. 그림 2-65처럼 오른쪽 모터는 시계 방향, 왼쪽 모터는 시계 반대 방향으로 회전하면 됩니다. 따라서 오른쪽 모터와 연결된 피더블유엠(PWM) 디지털 5번 핀으로 전압을 주고 피더블유엠(PWM) 디지털 6번 핀으로는 전압을 주지 않습니다. 왼쪽 모터와 연결된 피더블유엠(PWM) 디지털 9번 핀으로 전압을 주지 않고 피더블유엠(PWM) 디지털 10번 핀으로는 전압을 줍니다.

왼쪽 모터
오른쪽 모터

그림 2-65 앞으로 움직이기

	오른쪽 모터(모터 A)		왼쪽 모터(모터 B)	
	A-IA(5번)	A-IB(6번)	B-IA(9번)	B-IB(10번)
회전하는 방향	시계 방향		시계 반대 방향	
보내는 값	HIGH (전압을 준다.)	LOW (전압을 주지 않는다.)	LOW (전압을 주지 않는다.)	HIGH (전압을 준다.)

왼쪽 모터인지 오른쪽 모터인지 잘 확인하고 그림 2-66처럼 코딩을 합니다. 위에 있는 표를 보고 번호 순서대로 코딩을 하면 됩니다. 어때요? 참 쉽죠?

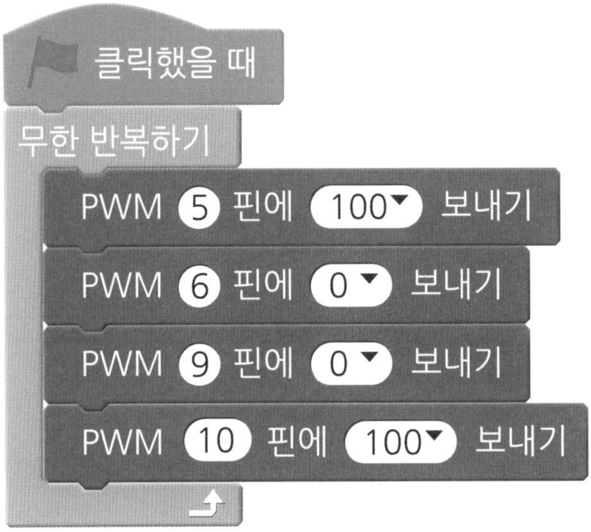
클릭했을 때
무한 반복하기
PWM 5 핀에 100 보내기
PWM 6 핀에 0 보내기
PWM 9 핀에 0 보내기
PWM 10 핀에 100 보내기

그림 2-66 자동차를 앞으로 이동하기

그리고 그림 2-67처럼 함수를 사용하면 편하겠다는 감이 오죠?

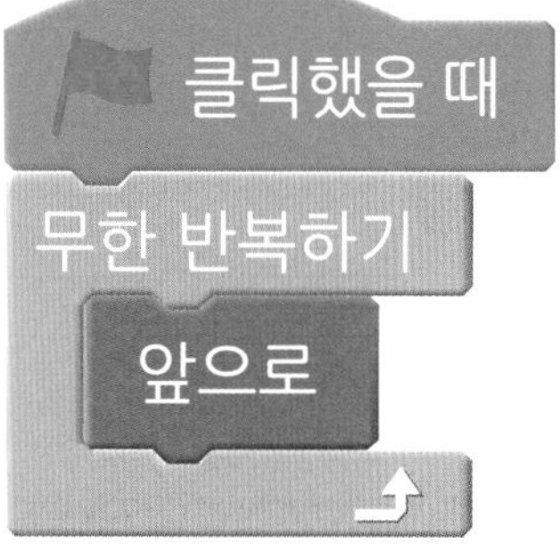
클릭했을 때
무한 반복하기
앞으로

그림 2-67 〈앞으로〉 함수

정의하기 앞으로
PWM 5 핀에 100 보내기
PWM 6 핀에 0 보내기
PWM 9 핀에 0 보내기
PWM 10 핀에 100 보내기

이제 그림 2-69처럼 뒤로 움직일 수 있도록 코딩을 하겠습니다. 앞으로 가는 것과 반대로 코딩하면 쉽게 만들 수 있겠죠?

왼쪽 모터
오른쪽 모터

그림 2-68 뒤로 움직이기

	오른쪽 모터(모터 A)		왼쪽 모터(모터 B)	
	A-IA(5번)	A-IB(6번)	B-IA(9번)	B-IB(10번)
회전하는 방향	시계 반대 방향		시계 방향	
보내는 값	LOW (전압을 주지 않는다.)	HIGH (전압을 준다.)	HIGH (전압을 준다.)	LOW (전압을 주지 않는다.)

클릭했을 때
무한 반복하기
뒤로
정의하기 뒤로
PWM 5 핀에 0 보내기
PWM 6 핀에 100 보내기
PWM 9 핀에 100 보내기
PWM 10 핀에 0 보내기

그림 2-69 〈뒤로〉 함수

이제는 그림 2-71처럼 왼쪽으로 움직이도록 코딩을 하겠습니다. 왼쪽으로 움직이는 경우는 2가지입니다.

1. 왼쪽 바퀴는 가만히 있고 오른쪽 바퀴가 움직이는 것입니다.
2. 왼쪽 바퀴와 오른쪽 바퀴가 동시에 움직이는 것입니다.

이 책에서는 자연스럽게 움직이게 하도록 두 번째 방법으로 코딩을 하겠습니다.

두 모터 모두 시계 방향으로 회전하면 왼쪽으로 움직입니다. 머릿속으로 상상하는 것이 중요합니다. 바퀴가 어떻게 움직이는지 눈, 손을 이용해서 잘 생각해 봅시다.

그림 2-70 왼쪽으로 움직이기

	오른쪽 모터(모터 A)		왼쪽 모터(모터 B)	
	A-IA(5번)	A-IB(6번)	B-IA(9번)	B-IB(10번)
회전하는 방향	시계 방향		시계 방향	
보내는 값	HIGH (전압을 준다.)	LOW (전압을 주지 않는다.)	HIGH (전압을 준다.)	LOW (전압을 주지 않는다.)

클릭했을 때
무한 반복하기
왼쪽으로

그림 2-71 〈왼쪽으로〉 함수

정의하기 왼쪽으로
PWM 5 핀에 100 보내기
PWM 6 핀에 0 보내기
PWM 9 핀에 100 보내기
PWM 10 핀에 0 보내기

오른쪽으로 움직이는 것도 쉽게 코딩할 수 있겠죠?〈그림 2-73〉 왼쪽으로 움직이는 것과 반대로 움직이면 됩니다. 모터가 모두 시계 반대 방향으로 회전하면 됩니다.

왼쪽 모터
오른쪽 모터

그림 2-72 오른쪽으로 움직이기

	오른쪽 모터(모터 A)		왼쪽 모터(모터 B)	
	A-IA(5번)	A-IB(6번)	B-IA(9번)	B-IB(10번)
회전하는 방향	시계 반대 방향		시계 반대 방향	
보내는 값	LOW (전압을 주지 않는다.)	HIGH (전압을 준다.)	LOW (전압을 주지 않는다.)	HIGH (전압을 준다.)

클릭했을 때
무한 반복하기
오른쪽으로

정의하기 오른쪽으로
PWM 5 핀에 0 보내기
PWM 6 핀에 100 보내기
PWM 9 핀에 0 보내기
PWM 10 핀에 100 보내기

그림 2-73 〈오른쪽으로〉 함수

자동차를 멈추게 하는 것은 너무 쉽겠죠? 그림 2-74처럼 모든 핀에 전압을 보내지 않으면 됩니다.

클릭했을 때
무한 반복하기
멈추기

정의하기 멈추기
PWM 5 핀에 0 보내기
PWM 6 핀에 0 보내기
PWM 9 핀에 0 보내기
PWM 10 핀에 0 보내기

그림 2-74 〈멈추기〉 함수

이제 키보드로 이동하는 방향을 바꿔봅시다. 이 스크립트 기억나나요?

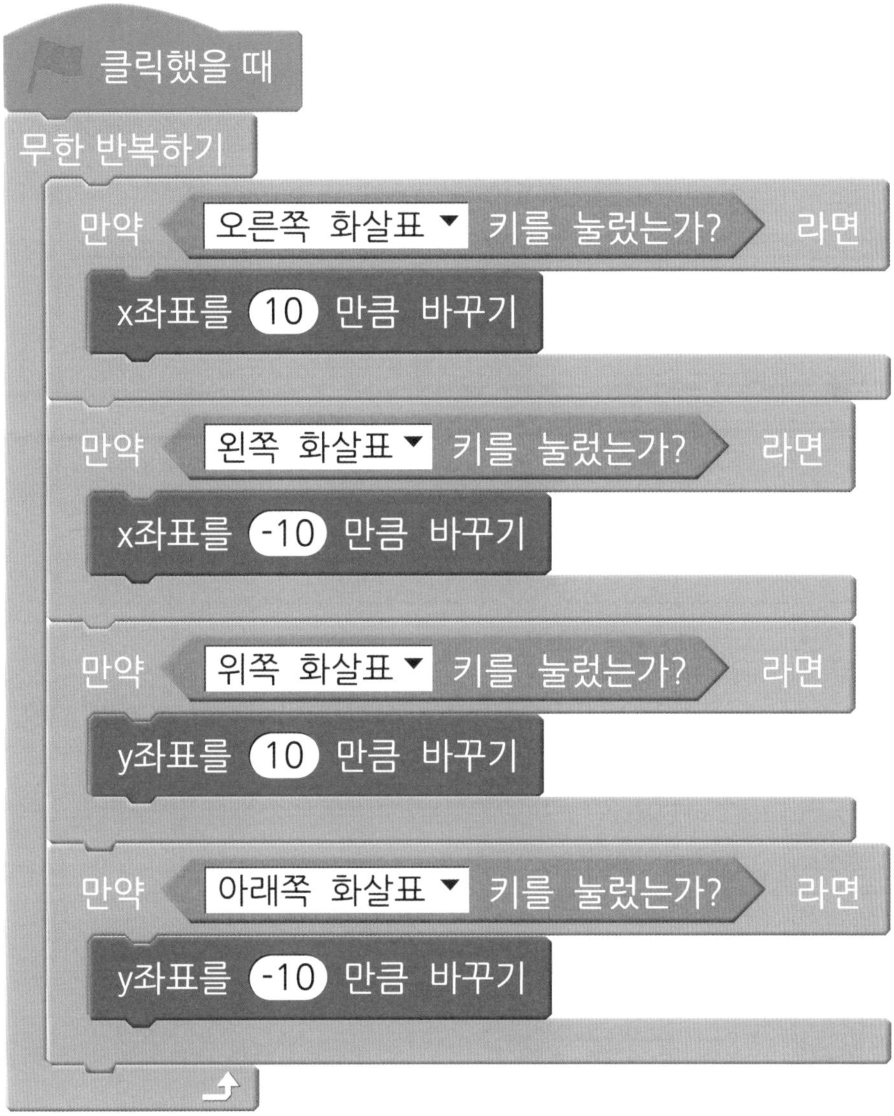
클릭했을 때
무한 반복하기
만약 오른쪽 화살표 키를 눌렀는가? 라면
x좌표를 10 만큼 바꾸기
만약 왼쪽 화살표 키를 눌렀는가? 라면
x좌표를 -10 만큼 바꾸기
만약 위쪽 화살표 키를 눌렀는가? 라면
y좌표를 10 만큼 바꾸기
만약 아래쪽 화살표 키를 눌렀는가? 라면
y좌표를 -10 만큼 바꾸기

그림 2-75 화살표 키로 움직이기

그림 2-75에서 코딩한 것을 보고 그림 2-77처럼 화살표 키와 스페이스 키로 자동차를 움직이는 프로그램을 만들어봅시다.

조건	하는 일
오른쪽 화살표를 누르면	오른쪽으로
왼쪽 화살표를 누르면	왼쪽으로
위쪽 화살표를 누르면	앞으로
아래쪽 화살표를 누르면	뒤로
스페이스 키를 누르면	멈추기

그림 2-76처럼 마우스 오른쪽 버튼을 클릭하고 복사를 클릭하면 더욱 편하게 코딩을 할 수 있습니다.

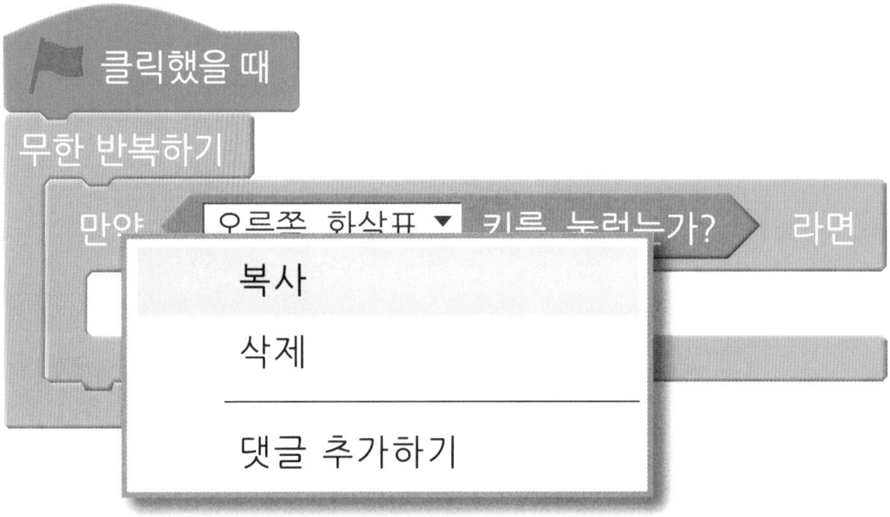

그림 2-76 복사하기

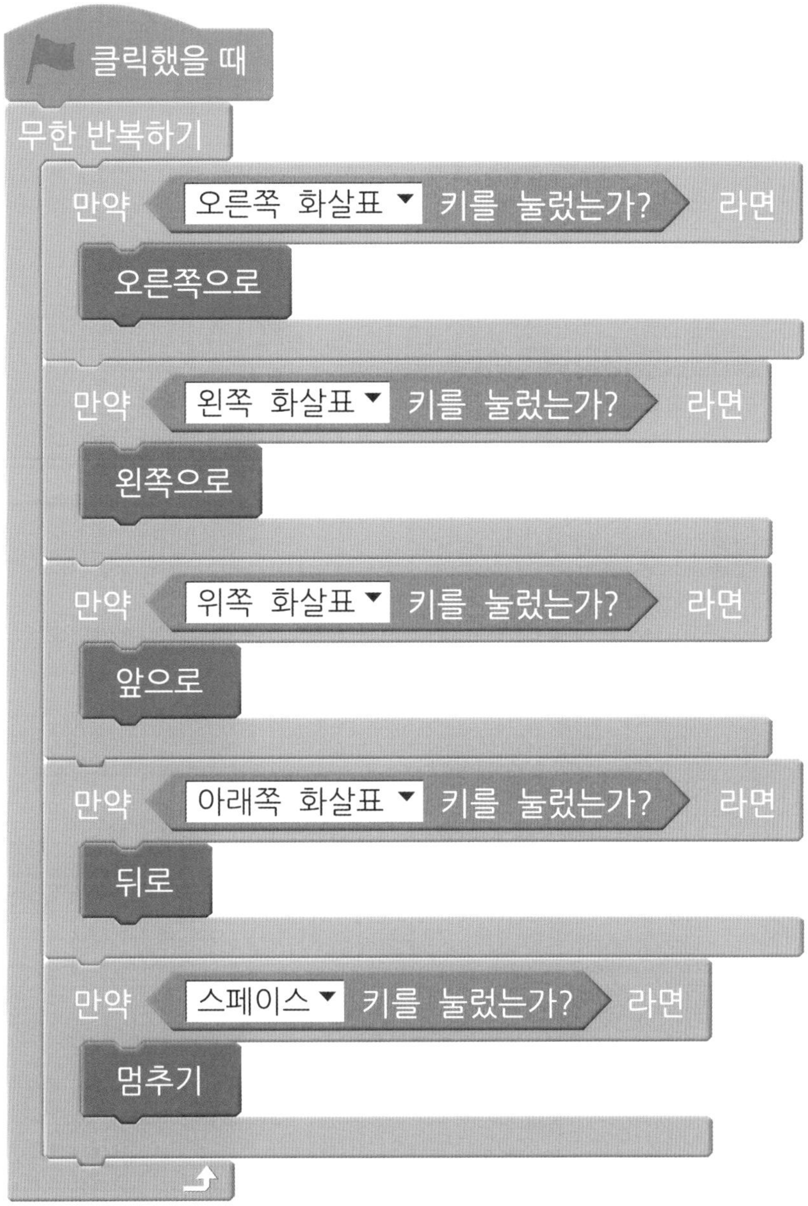
클릭했을 때
무한 반복하기
만약 오른쪽 화살표 키를 눌렀는가? 라면
오른쪽으로
만약 왼쪽 화살표 키를 눌렀는가? 라면
왼쪽으로
만약 위쪽 화살표 키를 눌렀는가? 라면
앞으로
만약 아래쪽 화살표 키를 눌렀는가? 라면
뒤로
만약 스페이스 키를 눌렀는가? 라면
멈추기

그림 2-77 화살표 키를 이용하여 자동차를 움직이는 프로그램 완성

코딩을 아주 멋지게 잘했습니다.

또한, 변수를 이용하여 회전하는 속도를 바꿀 수 있습니다.

그림 2-78과 같이 회전하는 속도를 물어보고 대답한 값만큼 속도를 바꿀 수 있습니다. 변수라는 요술 지팡이를 잘 사용하면 멋진 작품을 만들 수 있습니다. 여러분의 아이디어로 더욱 멋진 작품을 만들어보세요.

클릭했을 때
회전하는 속도를 얼마로 할까요? 묻고 기다리기
무한 반복하기
만약 오른쪽 화살표 키를 눌렀는가? 라면
오른쪽으로
만약 왼쪽 화살표 키를 눌렀는가? 라면
왼쪽으로
만약 위쪽 화살표 키를 눌렀는가? 라면
앞으로
만약 아래쪽 화살표 키를 눌렀는가? 라면
뒤로
만약 스페이스 키를 눌렀는가? 라면
멈추기

그림 2-78 대답 변수를 이용하여 코딩하기

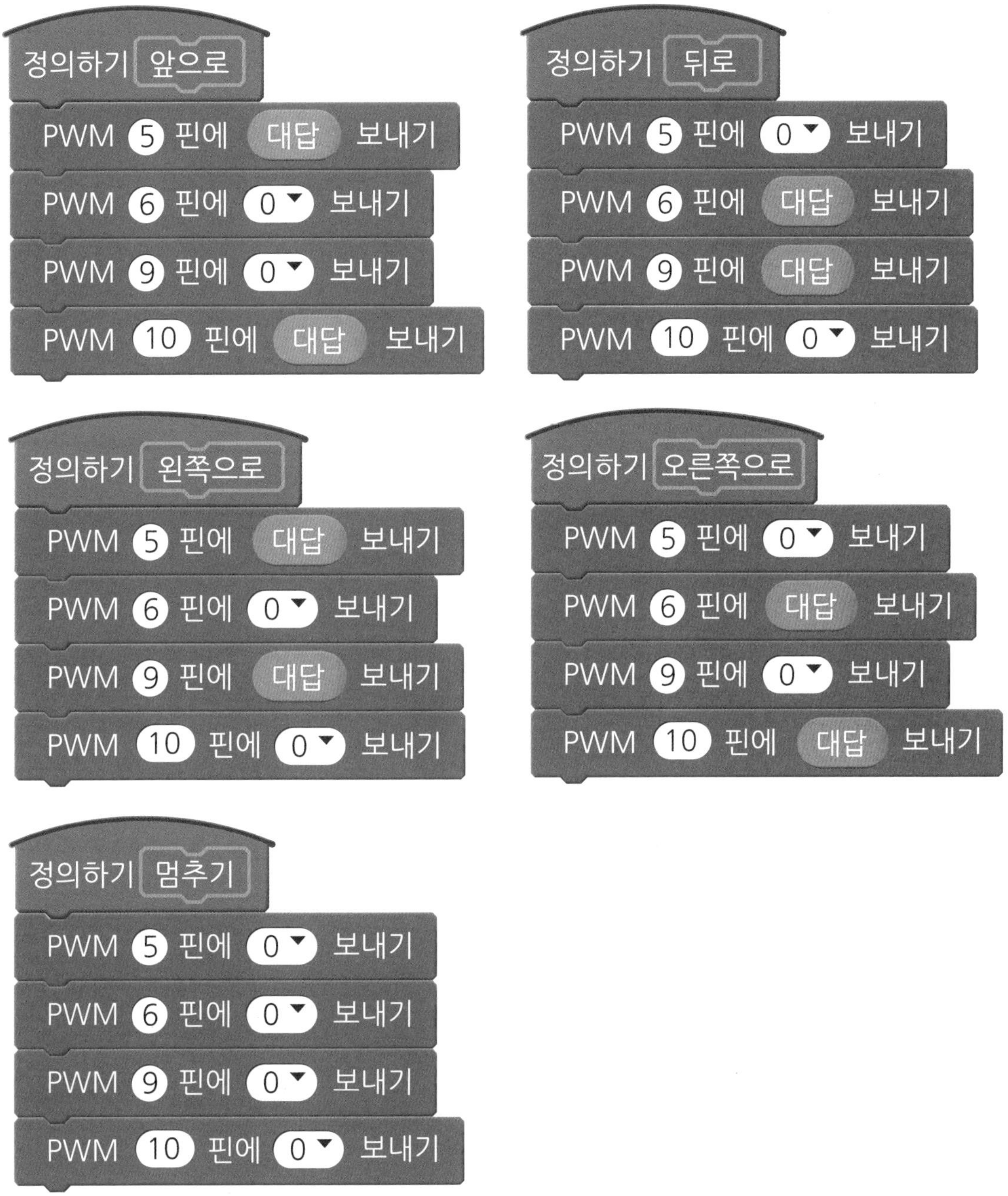
정의하기 앞으로
PWM 5 핀에 대답 보내기
PWM 6 핀에 0 보내기
PWM 9 핀에 0 보내기
PWM 10 핀에 대답 보내기
정의하기 뒤로
PWM 5 핀에 0 보내기
PWM 6 핀에 대답 보내기
PWM 9 핀에 대답 보내기
PWM 10 핀에 0 보내기
정의하기 왼쪽으로
PWM 5 핀에 대답 보내기
PWM 6 핀에 0 보내기
PWM 9 핀에 대답 보내기
PWM 10 핀에 0 보내기
정의하기 오른쪽으로
PWM 5 핀에 0 보내기
PWM 6 핀에 대답 보내기
PWM 9 핀에 0 보내기
PWM 10 핀에 대답 보내기
정의하기 멈추기
PWM 5 핀에 0 보내기
PWM 6 핀에 0 보내기
PWM 9 핀에 0 보내기
PWM 10 핀에 0 보내기

그림 2-79 대답 변수를 이용하여 함수 만들기

아두이노 내친구 by스크래치

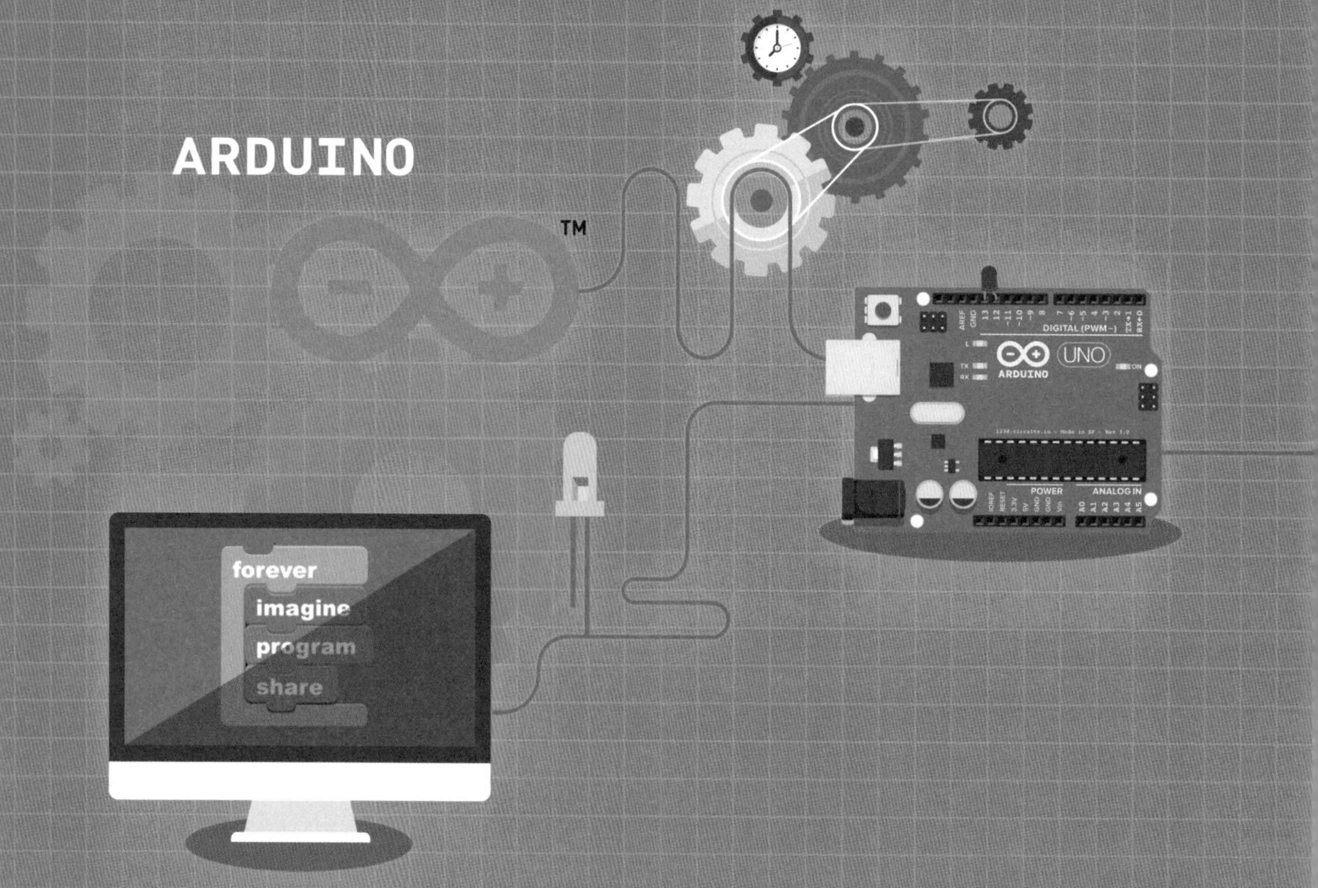

Chapter

03

똑똑한 아두이노 라인 트랙 자동차

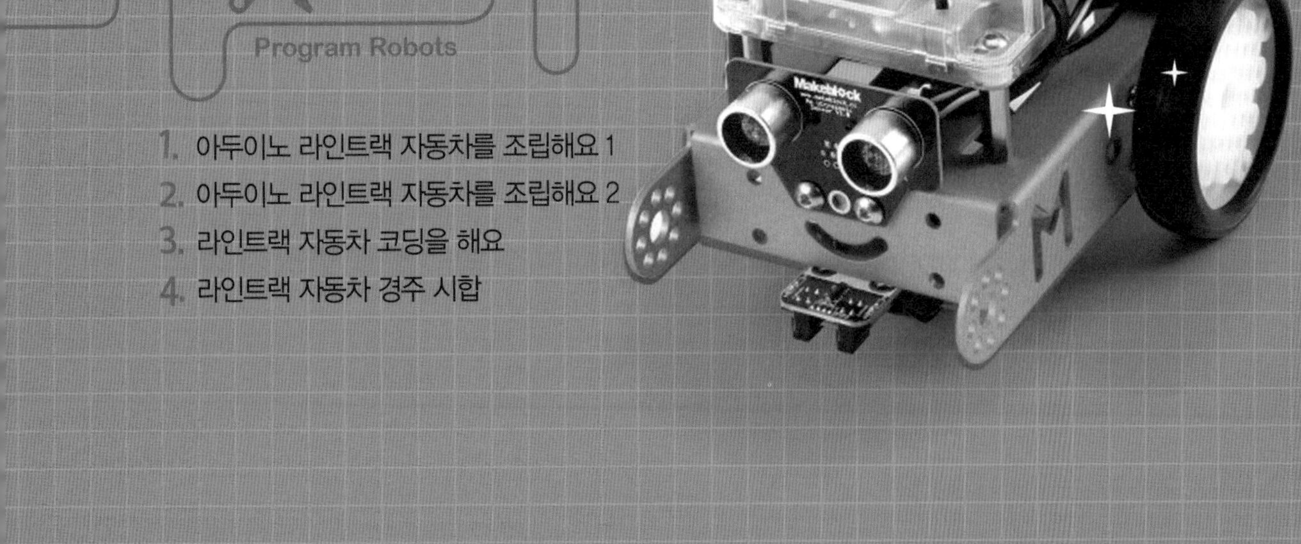

1. 아두이노 라인트랙 자동차를 조립해요 1
2. 아두이노 라인트랙 자동차를 조립해요 2
3. 라인트랙 자동차 코딩을 해요
4. 라인트랙 자동차 경주 시합

1 아두이노 라인 트랙 자동차를 조립해요 1

아두이노 라인 트랙 자동차를 직접 조립해 보겠습니다.

그림 3-1을 보고 부품을 하나씩 확인합니다.

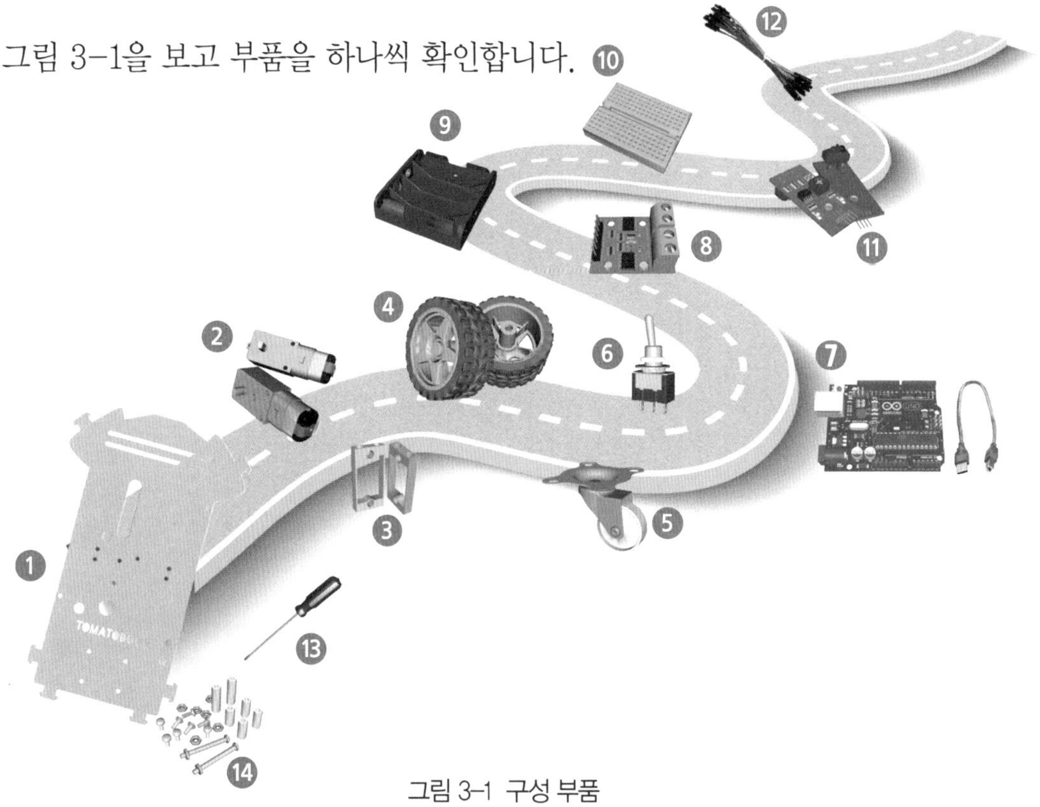

그림 3-1 구성 부품

① 차체 아크릴 판 1개 ② 기어 장착 모터 2개 ③ 모터 브라켓 2개 ④ 앞 타이어 2개
⑤ 뒷바퀴 1개 ⑥ 토글스위치 1개 ⑦ 아두이노 우노 R3 1개 및 USB 케이블 1개(1권 키트 항목)
⑧ L9110S 모터 드라이버 1개 ⑨ 배터리 팩 1개 ⑩ 미니 브레드보드 1개 ⑪ 라인 센서 2개
⑫ 점퍼 케이블 (암-수 12개, 수-수 2개) ⑬ 드라이버 1개
⑭ 서포트 긴 것 2개, 짧은 것 4개 및 볼트와 너트들

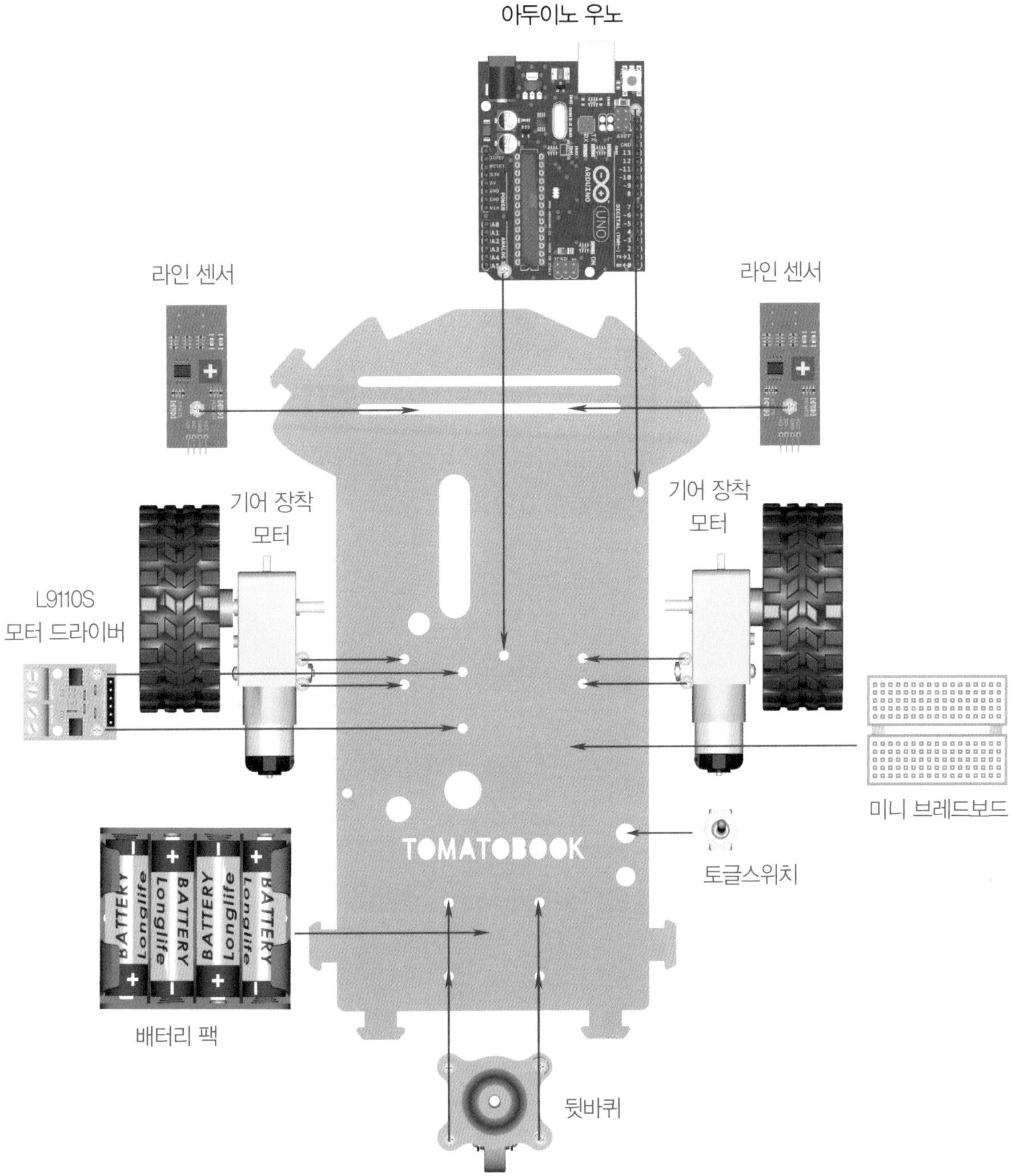

그림 3-2 부품을 장착하는 자리

모터 및 바퀴, 배터리 팩 연결하기

먼저 자동차를 움직일 수 있도록 모터를 조립해봅시다. 여기서 브라켓을 사용해야 합니다. 브라켓은(Bracket)은 버팀대 또는 받침대란 뜻입니다. 벽걸이 TV를 벽에 고정시키는 것처럼 브라켓은 모터를 자동차 몸체인 아크릴판과 고정시켜줍니다.

먼저 모터 A(오른쪽 모터)와 다른 부품을 연결하여 조립합니다. 그림 3-3과 같이 긴 볼트 2개를 모터의 노란 플라스틱에 있는 구멍과 브라켓 구멍으로 동시에 통과시킵니다. 그리고 너트를 조여서 고정시킵니다.

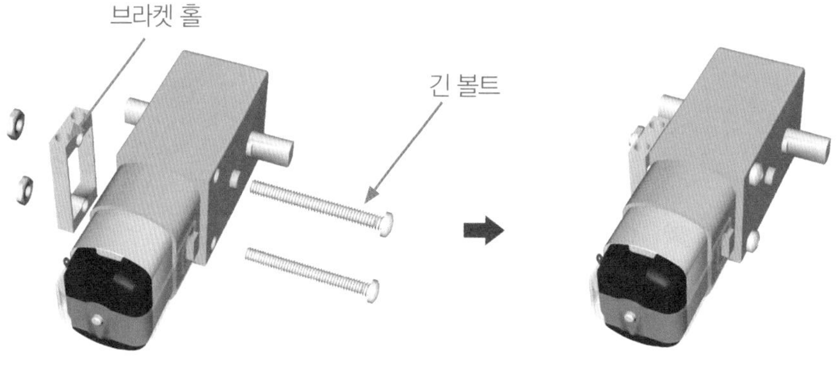

그림 3-3 모터 A에 브라켓 고정하기

같은 방법으로 모터 B(왼쪽 모터)도 연결합니다.

그림 3-4와 같이 모터 선이 안쪽에 있도록 연결하면 됩니다.

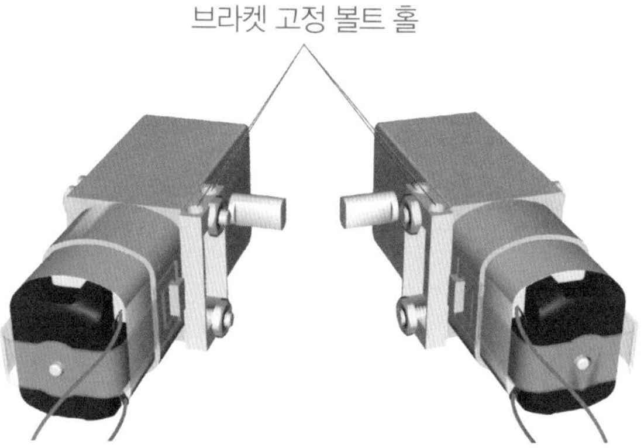

그림 3-4 모터 B 브라켓 고정하기

자동차 몸체인 아크릴 판에 있는 보호 필름을 벗겨냅니다. 그리고 그림 3-5와 같이 연결합니다.

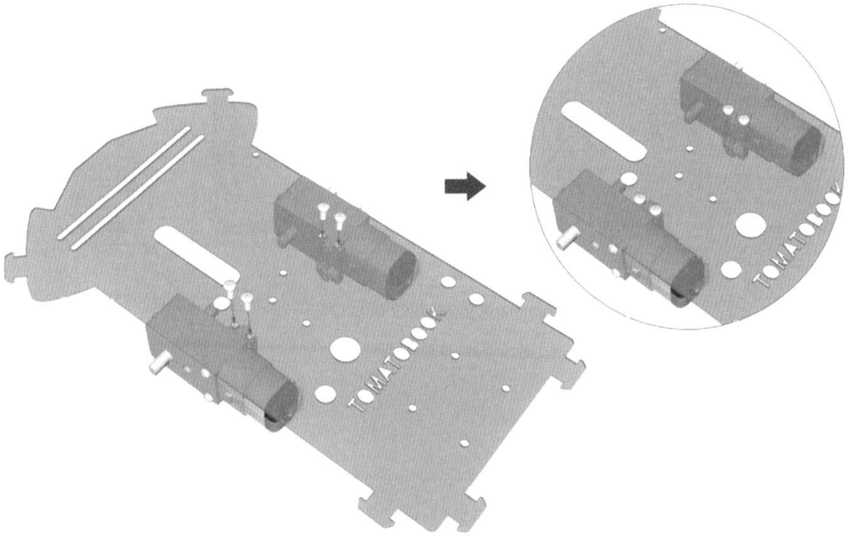

그림 3-5 모터를 아크릴 판에 고정하기

2단원에서 본 그림 3-6을 보면 '거꾸로 연결하지 않았나?' 하고 생각할 수 있습니다.

2단원에서는 모터의 검은색 부분이 앞으로 향했기 때문입니다.

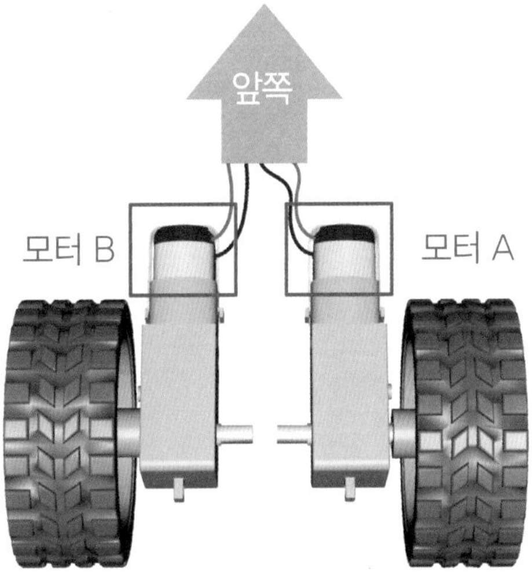

그림 3-6 모터A는 오른쪽–모터B는 왼쪽

그러나 잘 생각해 보면 그냥 모터를 반 바퀴 돌린 것이라는 것을 알 수 있습니다.〈그림 3-7〉 모터를 반 바퀴 돌려도 모터가 회전하는 방향은 바뀌지 않습니다. 어떻게 아냐고요? 직접 모터를 반 바퀴를 돌려서 확인하면 됩니다.

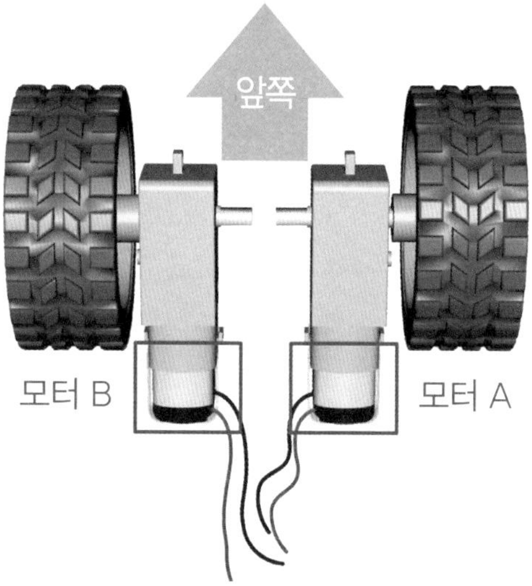

그림 3-7 180도 회전시키기

짧은 볼트로 모터와 아크릴판을 연결합니다.

그리고 그림 3-8처럼 바퀴와 모터를 연결합니다. 네모난 모양의 구멍에 잘 맞춰서 연결하고 힘을 약간 주어서 바퀴가 쏙 들어가게 합니다.

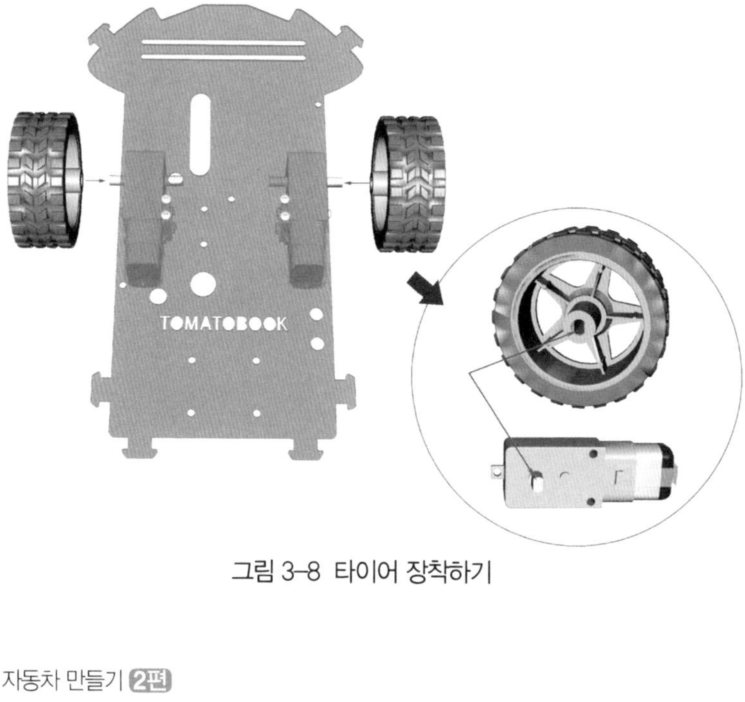

그림 3-8 타이어 장착하기

서포터를 사용하여 그림 3-9처럼 뒷바퀴를 아크릴판과 연결합니다. 서포터는 받침대 같은 것으로 뒷바퀴를 바로 아크릴판에 연결하기 어려워서 사용하는 겁니다.

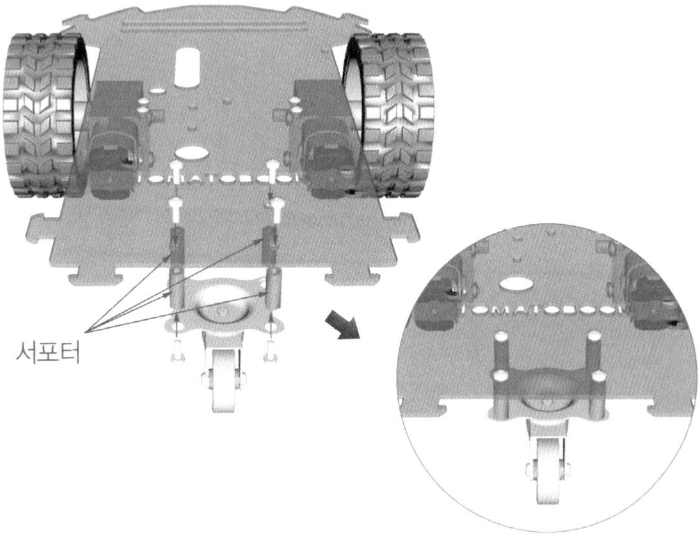

그림 3-9 뒷바퀴 장착하기

그리고 그림 3-10과 같이 토글스위치를 연결합니다.

토글스위치를 사용하면 전기를 흐르거나 흐르지 않게 할 수 있습니다.

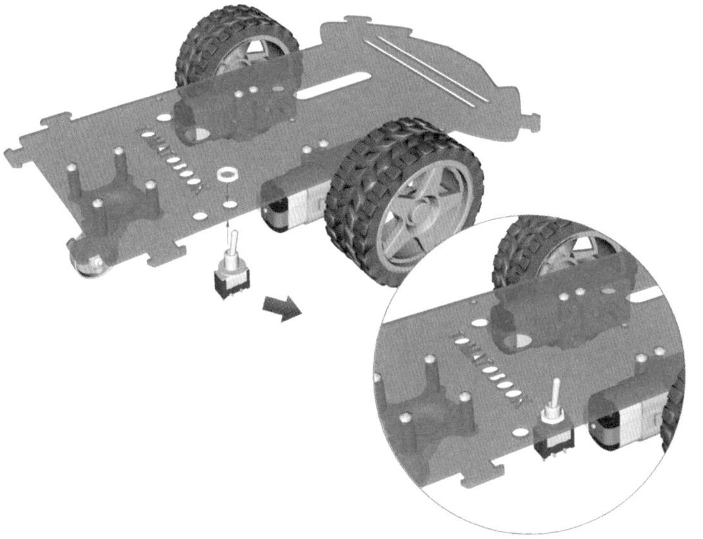

그림 3-10 토글스위치 연결

양면테이프를 그림 3-11과 같이 뒷바퀴를 고정했던 볼트 사이에 붙이고 그 위에 배터리 팩을 연결합니다.

그림 3-11 배터리 팩 접착

배터리 팩을 아크릴 판 끝쪽으로 놓는 것이 좋습니다. 나머지 부품들을 연결할 충분한 공간이 필요하기 때문입니다.

그리고 배터리 전선이 가운데로 오게 놓으면 나중에 브레드보드와 연결하기 쉽습니다.

그림 3-12와 같이 서포터를 이용해서 아두이노와 아크릴판을 연결합니다. 서포터가 없이 그냥 나사를 조이면 아두이노 보드가 망가질 수 있습니다.

아두이노 뒷면을 보면 납땜한 것을 볼 수 있습니다. 서포트를 이용해서 이 부분이 아크릴 판과 닿지 않게 합니다.

USB 포트 옆에 있는 구멍에 연결하고 대각선 방향에 있는 다른 구멍과도 연결합니다.

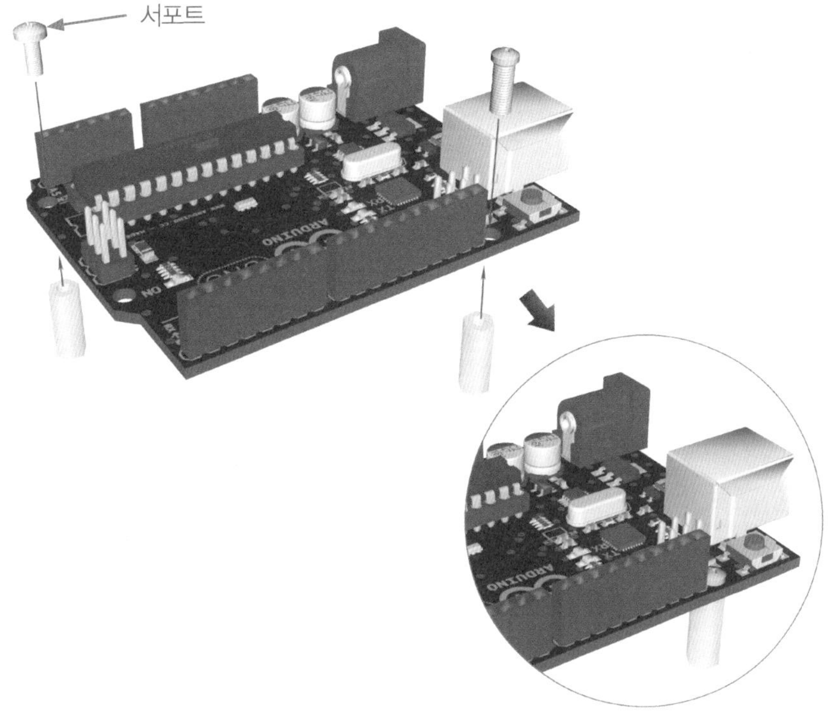

그림 3-12 서포트 장착 아두이노 보드

그림 3-13은 아두이노 보드와 모터 드라이버를 연결하는 구멍을 보여주고 있습니다.

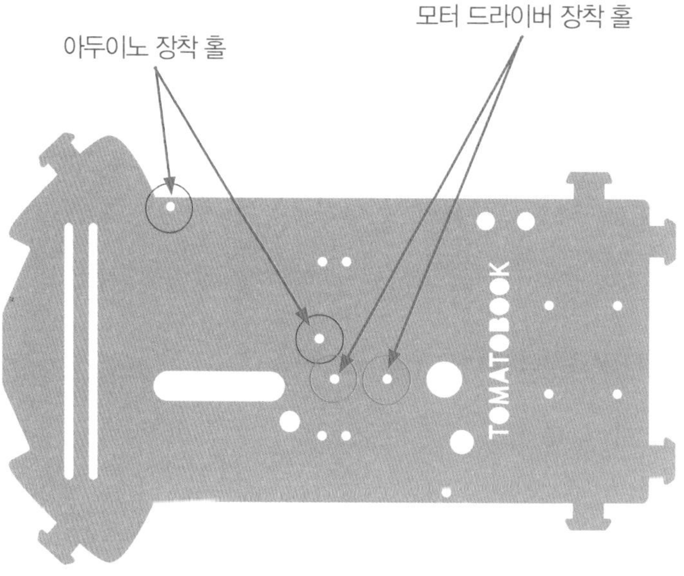

그림 3-13 아두이노와 모터 드라이버 고정 홀 위치

짧은 볼트를 사용하여 그림 3-14와 같이 연결합니다.

그림 3-14 아두이노 보드 장착

그림 3-15처럼 모터 드라이버 모듈도 서포터를 이용해서 연결합니다.

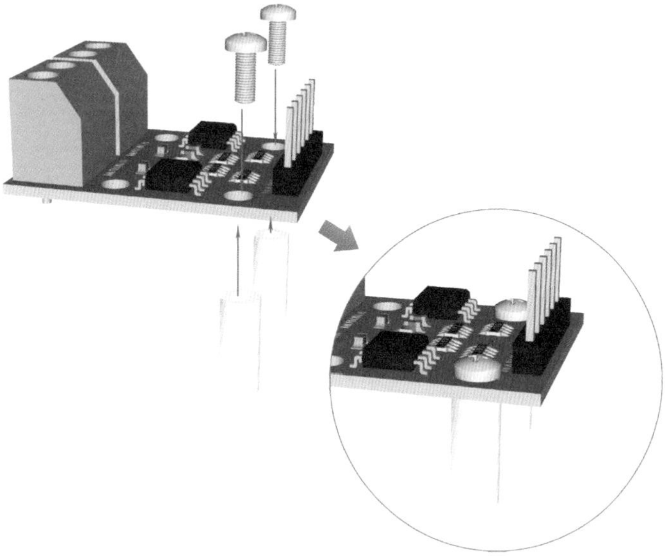

그림 3-15 모터 드라이버 서포트

그림 3-16처럼 모터 선을 연결하는 터미널이 왼쪽 바퀴 쪽을 향하도록 연결합니다.

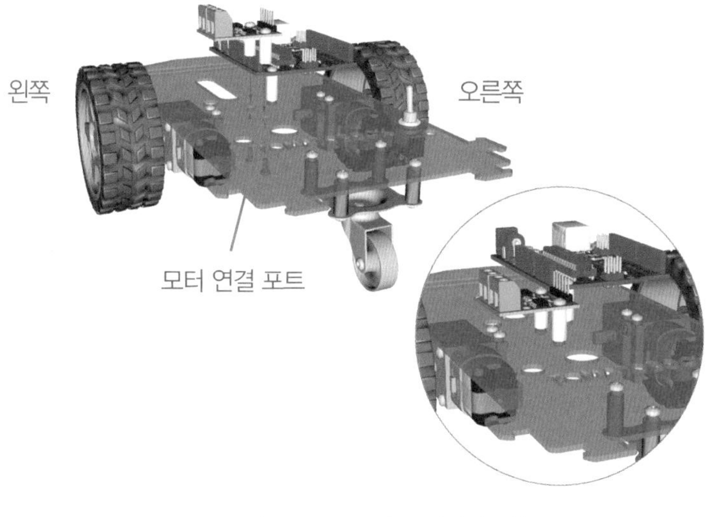

그림 3-16 모터 드라이버 장착

그리고 미니 브레드보드 뒷면의 얇은 필름을 벗겨내고 그림 3-17과 같이 붙입니다.

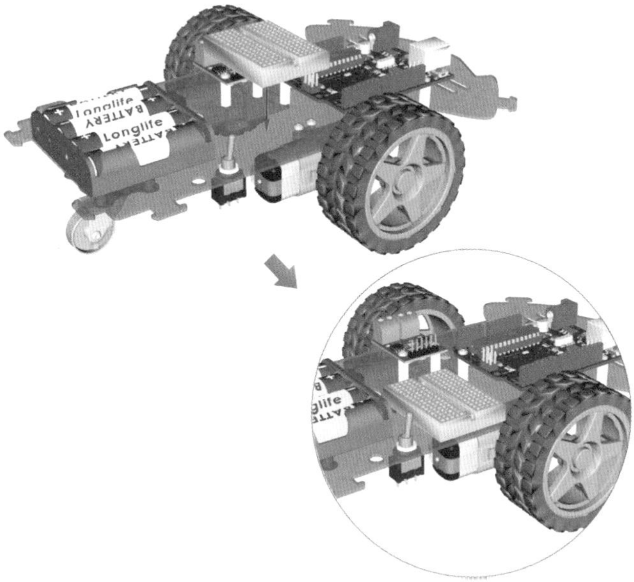

그림 3-17 미니 브레드보드 장착

3-18처럼 라인 센서 2개를 연결하겠습니다. 라인 센서는 긴 서포터를 이용해서 연결합니다. 라인 센서를 돌리다가 작은 엘이디(LED)를 고장 내지 않도록 주의해야 합니다.

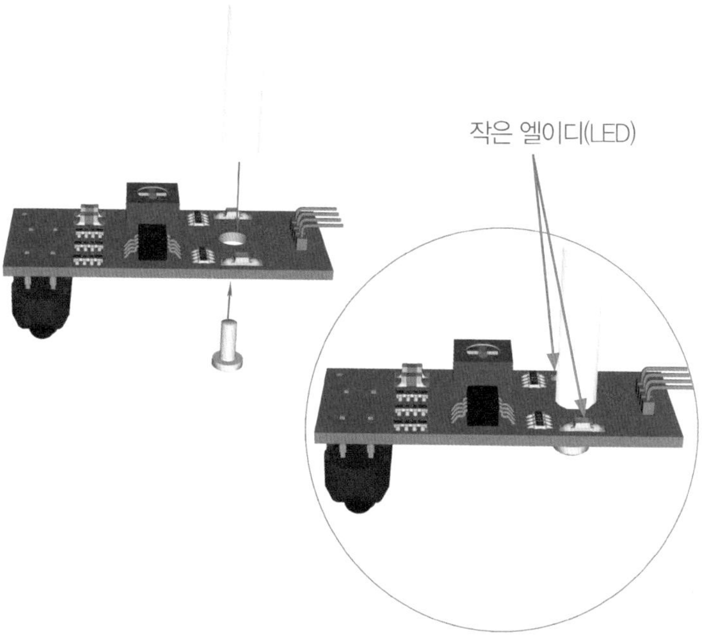

그림 3-18 라인 센서 서포터 장착

서포터를 움직이지 않게 하고 밑에 있는 볼트를 돌려 연결하는 것이 좋습니다. 그러면 그림 3-19와 같이 자동차 조립이 완성됩니다.

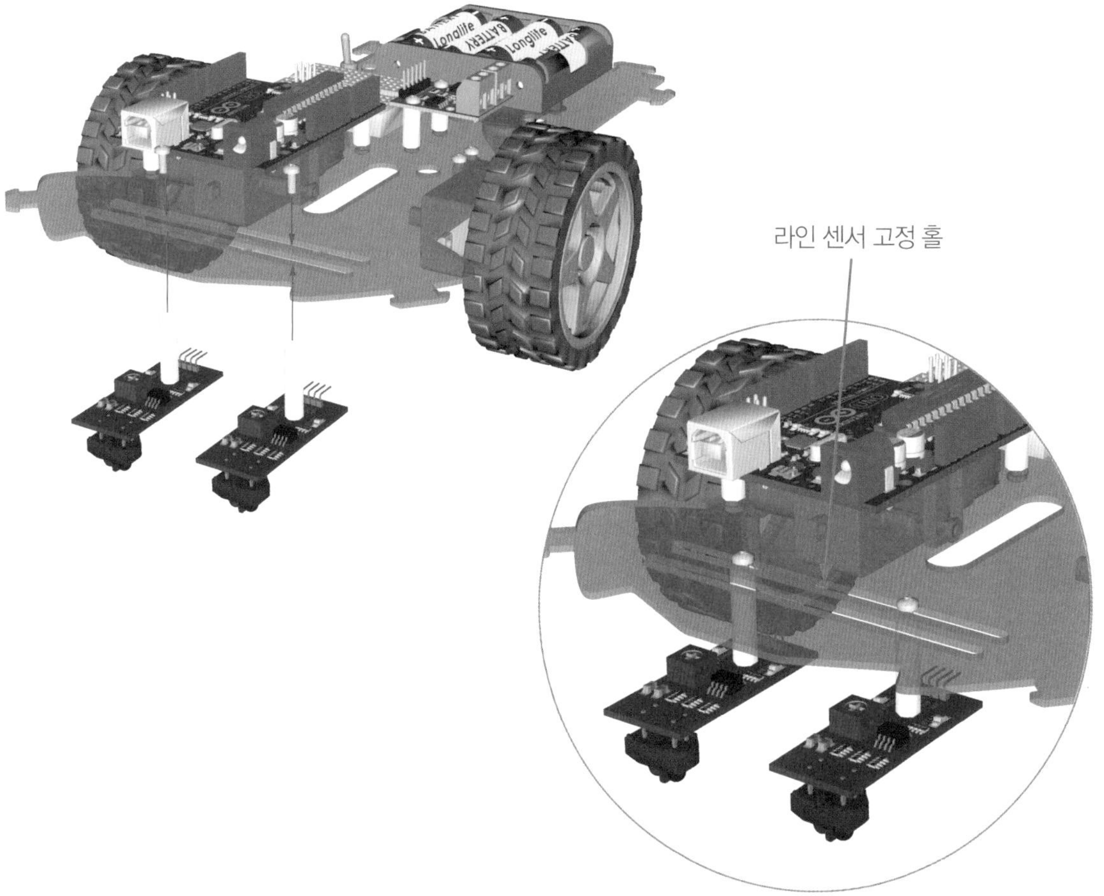

그림 3-19 완성된 자동차 차체

2 아두이노 라인 트랙 자동차를 조립해요 2

ARDUINO MY FRIEND

자동차 몸체를 다 만들었으니 이제 회로를 연결해보겠습니다. 우선 배터리 전원을 빼고 회로를 연결합니다. 〈그림 3-20〉

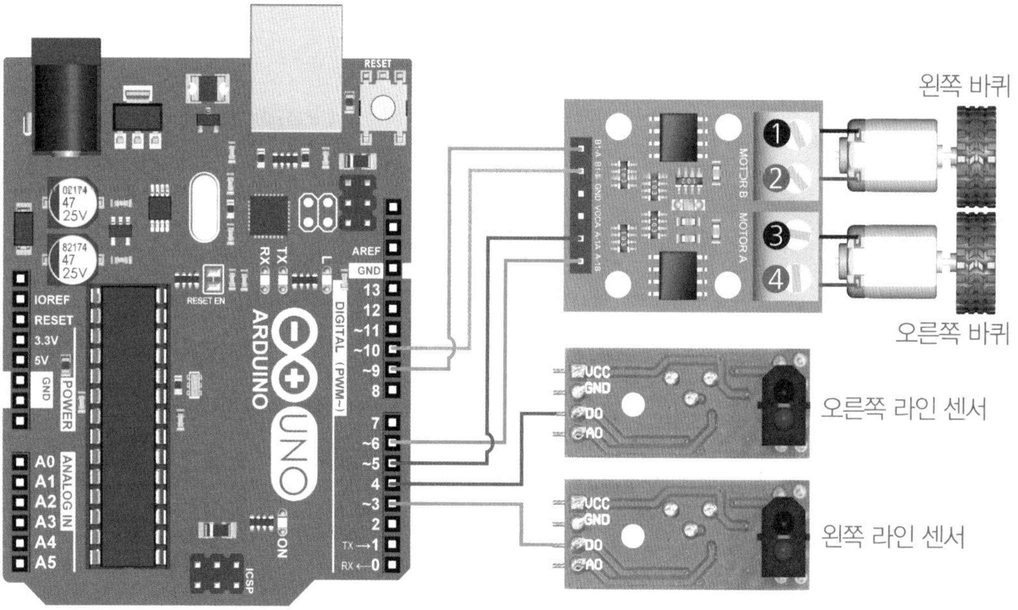

그림 3-20 전원을 제외한 아두이노에 센서와 모터 연결한 회로

모터 A(오른쪽 모터)의 A-IA, A-IB는 각각 디지털 5번, 6번 핀과 연결합니다. 모터 B(왼쪽 모터)의 B-IA, B-IB는 각각 디지털 9번, 10번 핀과 연결합니다.

	모터(MOTOR) A		모터(MOTOR) B	
	A-IA	A-IB	B-IA	B-IB
연결하는 디지털 핀	5번	6번	9번	10번

그리고 라인 센서 2개의 DO 핀은 각각 디지털 3, 4번 핀과 연결합니다. 디지털 3번과 연결된 라인 센서는 왼쪽 라인 센서로 사용합니다. 디지털 4번과 연결된 라인 센서는 오른쪽 라인 센서로 사용합니다.

부품은 아두이노와 각각 연결됩니다.(병렬연결)

배터리에서 전기가 나오면 아두이노, 모터 드라이버 모듈, 라인 센서에 각각 전기를 보냅니다. 즉 어떤 부품을 빼내도 나머지 부품은 잘 작동합니다.

각각의 부품이 배터리와 잘 연결되게 회로를 만들면 됩니다.

회로를 만들 때 알아야 할 내용을 다시 정리하겠습니다.

1. 빨간색은 플러스 극이고 **검은색**은 **마이너스 극**이다.
2. VCC는 플러스 극이고 GND는 **마이너스 극**이다.
3. 아두이노 보드에서 5V는 플러스 극이고 GND는 **마이너스 극**이다.
4. 나머지 부품이 없다고 생각하고 플러스 극에서 마이너스 극으로 전기가 잘 흐르는지 생각해본다.

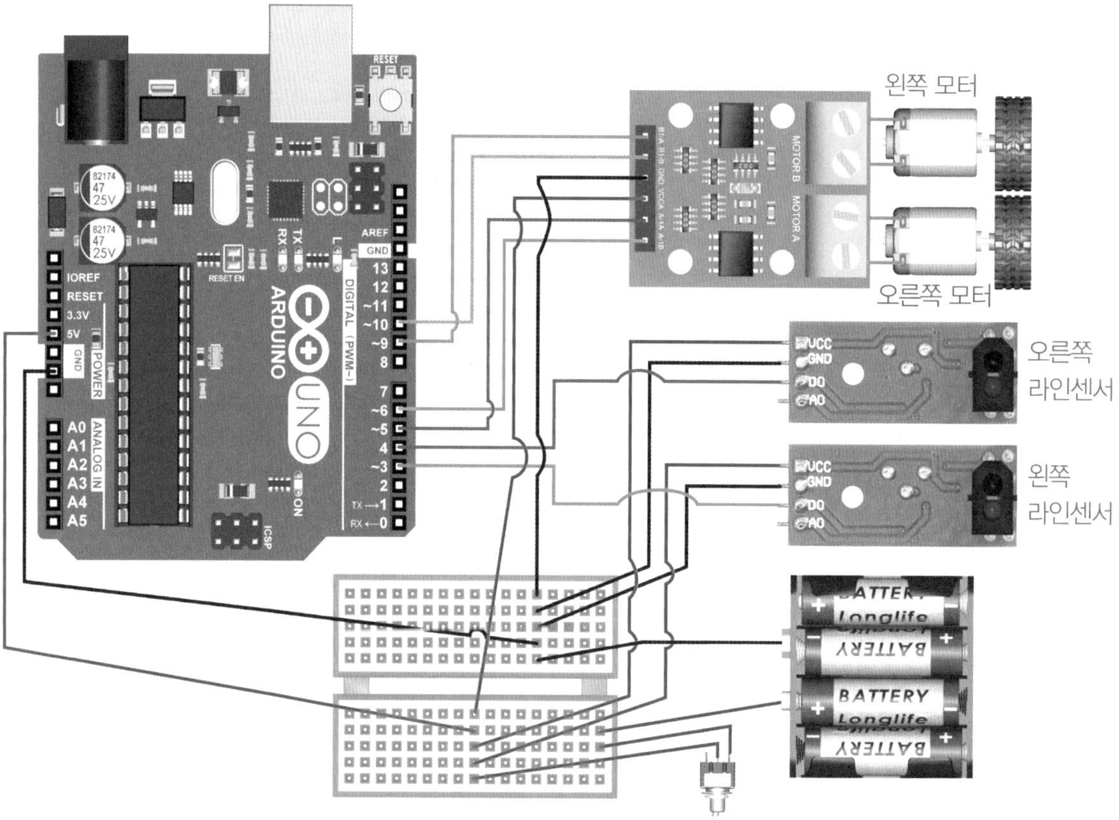

그림 3-21 전체 회로

플러스 극과 연결해야 하는 것을 모아서 브레드보드와 연결합니다. 마찬가지로 마이너스 극과 연결해야 하는 것을 모아서 브레드보드와 연결합니다. 그러면 회로를 쉽게 만들 수 있습니다.

주의해야 하는 부분은 바로 토글스위치입니다.

토글스위치를 끄면 배터리의 플러스 극에서 나오는 전류가 다른 부품으로 흐르지 못합니다. 이 부분을 잘못 연결하면 스위치를 꺼도 배터리에서 전기가 나와 다른 부품으로 흐를 수 있습니다.

그림 3-22처럼 배터리의 플러스 극이 오직 토글스위치에만 바로 연결되도록 회

로를 만듭니다.

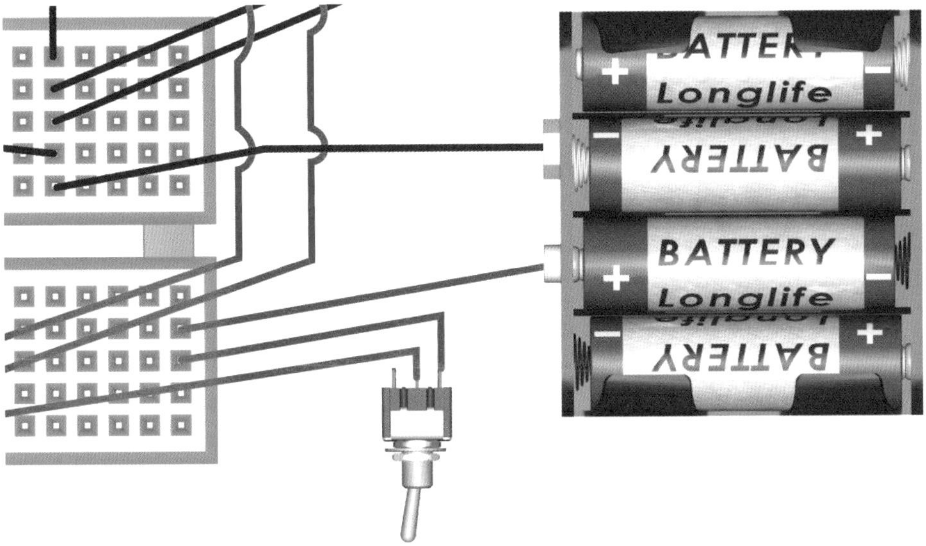

그림 3-22 토글스위치 연결하기

그림 3-23 회로가 모두 연결된 차량

회로를 잘 만들었는지 확인해봅시다.

자동차가 앞으로 가고 다시 뒤로 가는 것을 계속 반복하게 코딩을 해봅시다.

클릭했을 때
무한 반복하기
앞으로
3 초 기다리기
뒤로
3 초 기다리기
정의하기 앞으로
PWM 5 핀에 100 보내기
PWM 6 핀에 0 보내기
PWM 9 핀에 0 보내기
PWM 10 핀에 100 보내기
정의하기 뒤로
PWM 5 핀에 0 보내기
PWM 6 핀에 100 보내기
PWM 9 핀에 100 보내기
PWM 10 핀에 0 보내기

그림 3-24 함수를 이용하여 자동차 테스트하기

2단원에서 배운 내용을 이용해서 그림 3-24와 같이 코딩하고 업로딩을 합니다. 라인 트랙 자동차가 많이 움직여야 하므로 USB 선을 빼서 컴퓨터와 분리합니다. 그런데!! 자동차가 움직이지 않습니다.

지금까지 만들었던 프로그램은 스크래치와 아두이노가 서로 통신을 하면서 실행되었습니다.

아두이노와 컴퓨터를 분리하면 스크래치와 아두이노가 통신을 할 수 없어서 프로그램이 제대로 실행되지 않습니다. 어떻게 하면 될까요? 바로 아두이노에 직접 업로딩하면 됩니다.

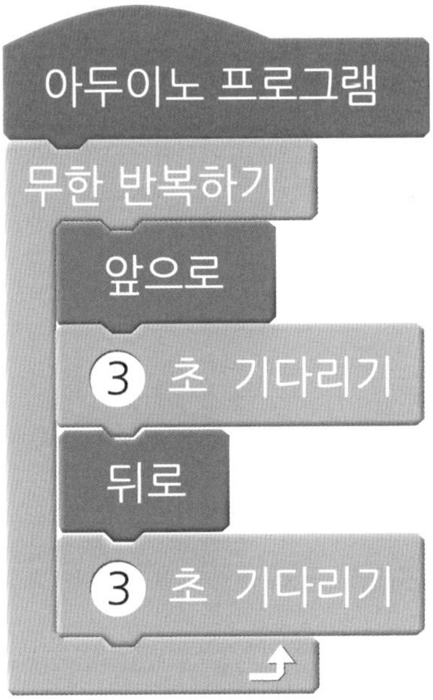
아두이노 프로그램
무한 반복하기
앞으로
3 초 기다리기
뒤로
3 초 기다리기

그림 3-25 〈아두이노 프로그램〉 블록 이용하기

〈로보트〉 블록 모음에서 아두이노 프로그램 블록을 찾아서 연결합니다.

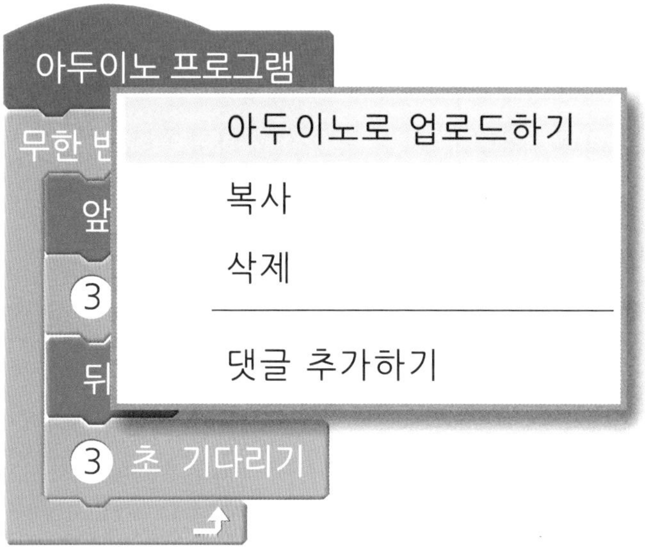

그림 3-26 아두이노로 업로드하기

그림 3-26과 같이 아두이노 프로그램 블록 명령어 위에서 마우스 오른쪽 버튼을 클릭합니다. 그리고 아두이노 업로드하기를 클릭합니다.

그러면 오른쪽에 그림 3-27과 같은 화면이 나옵니다.

아두이노에 업로드를 누르면 스케치라는 프로그램으로 코딩을 하고 업로딩을 합니다. 그런데 이 스케치 코딩은 실제 스케치 코딩과 많이 다릅니다. 따라서 이런 것이 있구나 하는 정도만 알면 되겠습니다.

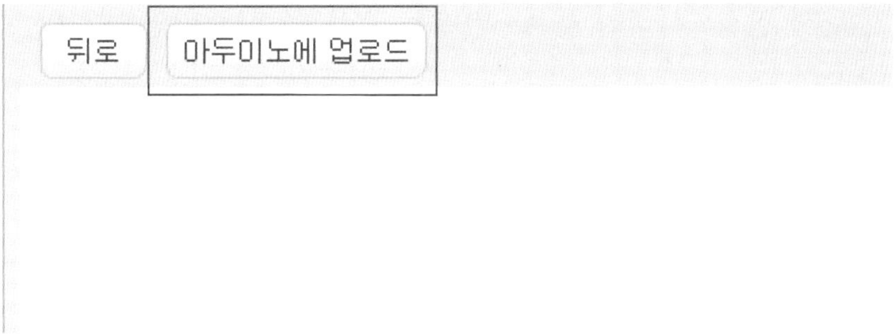

그림 3-27 아두이노에 업로드

업로드가 완료되면 닫기를 클릭합니다.

그림 3-28 업로드 완료

그리고 업로딩이 끝나면 화면이 그림 3-29와 같이 됩니다. 뒤로 버튼을 클릭합니다. 아두이노에 업로드 기능을 쓰면 컴퓨터와 연결이 끊기게 되는 불편한 점이 있습니다.

그림 3-29 〈뒤로〉 버튼 누르기

그림 3-30과 같이 다시 연결-시리얼 포트-연결된 COM을 선택하면 됩니다.

컴퓨터마다 연결된 COM의 번호가 다를 수 있습니다.

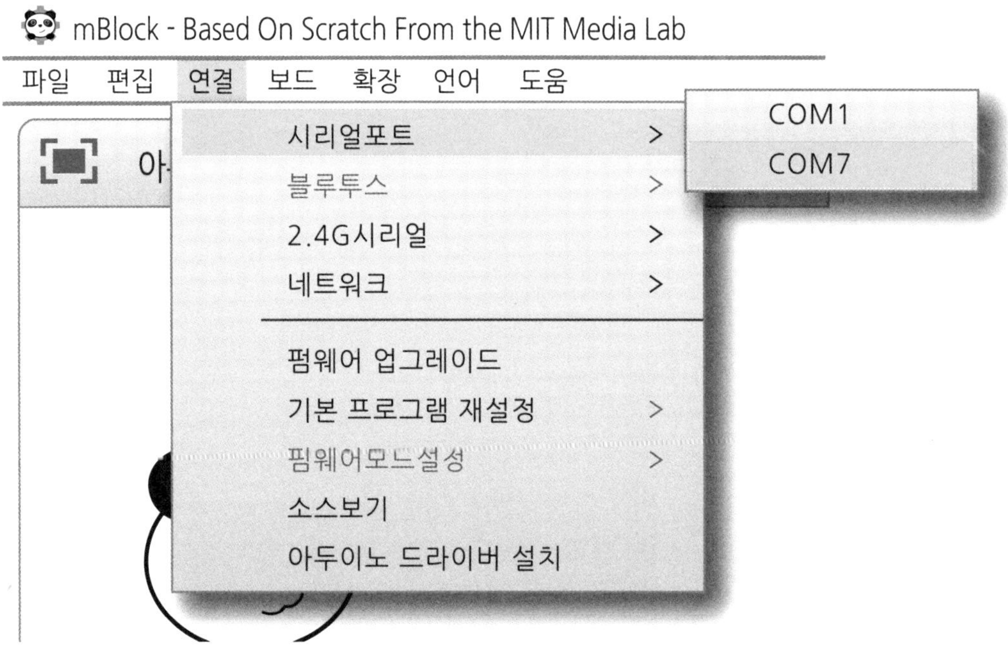

그림 3-30 다시 연결하기

ARDUINO MY FRIEND

3 라인트랙 자동차 코딩을 해요

이제는 라인 트랙 자동차 코딩을 해보겠습니다. 먼저 라인 트랙 자동차의 원리를 알아보겠습니다.

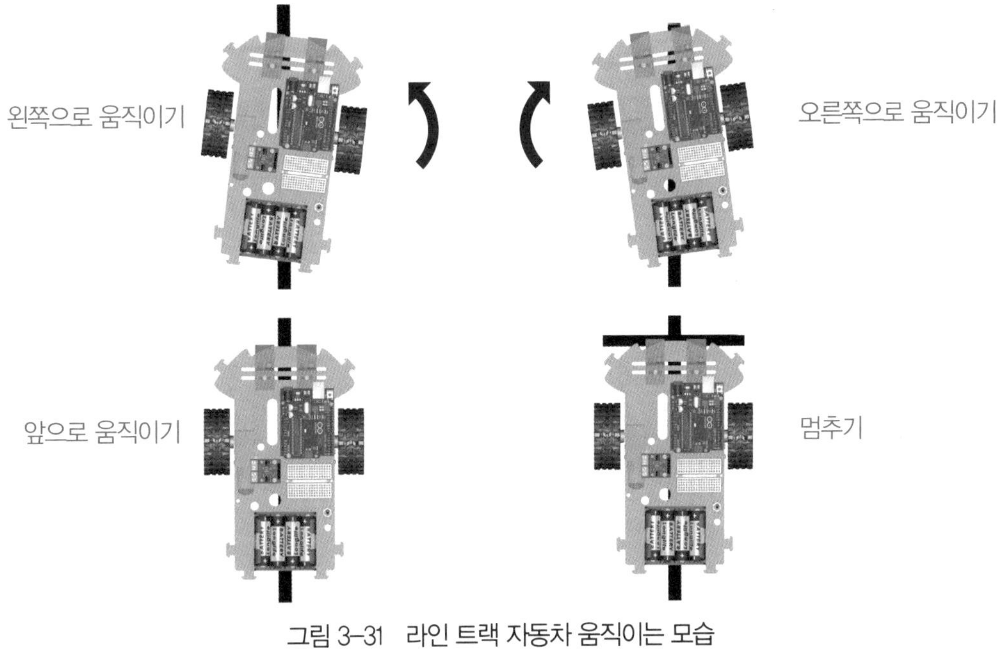

그림 3-31 라인 트랙 자동차 움직이는 모습

라인 트랙 자동차는 검은색 선을 따라 움직이게 됩니다. 〈그림 3-31〉

왼쪽 라인 센서가 검은색을 읽고 오른쪽 라인 센서가 흰색을 읽으면 왼쪽으로 선이 휘었다는 뜻입니다. 그래서 왼쪽으로 움직여야 합니다.

반대로 왼쪽 라인 센서가 흰색을, 오른쪽 라인 센서가 검은색을 읽으면 오른쪽으로 선이 휘었다는 뜻입니다. 그래서 오른쪽으로 움직여야 합니다.

센서 2개 모두 흰색이라고 읽으면 직선이라는 뜻입니다. 그래서 앞으로 움직여야 합니다.

반대로 센서 2개가 모두 검은색이라고 읽으면 정지선이라는 뜻입니다. 따라서 멈춰야 합니다.

이것을 표로 정리했습니다.

순서	왼쪽 센서	오른쪽 센서	어떤 경우	해야 할 일
1	검은색 (라인 센서가 1 값을 보냄)	검은색 (라인 센서가 1 값을 보냄)	정지선이다.	멈추기
2	검은색 (라인 센서가 1 값을 보냄)	흰색 (라인 센서가 0 값을 보냄)	선이 왼쪽으로 휘었다.	왼쪽으로 이동
3	흰색 (라인 센서가 0 값을 보냄)	검은색 (라인 센서가 1 값을 보냄)	선이 오른쪽으로 휘었다.	오른쪽으로 이동
4	흰색 (라인 센서가 0 값을 보냄)	흰색 (라인 센서가 0 값을 보냄)	직진이다.	앞으로 이동

왼쪽 라인 센서는 디지털 3번 핀과 연결했고, 오른쪽 라인 센서는 디지털 4번 핀과 연결했습니다.

1단원과 2단원에서 배운 내용을 잘 이용해서 멋진 라인 트랙 자동차 프로그램을 만들어봅시다.

어떻게 하면 될까요? 문제를 나눠서 잘 생각해 봅시다. 우선 조건이 2개 있습니다. 왼쪽 센서와 오른쪽 센서의 값에 따라 조건이 달라집니다. 즉 왼쪽-오른쪽 센서의 값을 모두 생각해서 조건을 만들어야 합니다. 〈그림 3-32〉

〈그리고〉를 사용하면 멋지게 문제를 해결할 수 있지 않을까요?

먼저 〈왼쪽 센서〉와 〈오른쪽 센서〉라는 변수를 2개 만듭니다. 그리고 라인 센서에서 읽을 값을 저장합니다.

아두이노 프로그램
무한 반복하기
왼쪽 센서 을(를) 디지털 3 핀 읽기 로 정하기
오른쪽 센서 을(를) 디지털 4 핀 읽기 로 정하기

그림 3-32 왼쪽 센서와 오른쪽 센서 변수 만들기

그리고 그림 3-33처럼 함수를 만들어서 4가지 경우에 따라 움직일 수 있게 코딩을 합니다.

정의하기 멈추기
PWM 5 핀에 0 보내기
PWM 6 핀에 0 보내기
PWM 9 핀에 0 보내기
PWM 10 핀에 0 보내기
정의하기 앞으로
PWM 5 핀에 100 보내기
PWM 6 핀에 0 보내기
PWM 9 핀에 0 보내기
PWM 10 핀에 100 보내기
정의하기 왼쪽으로
PWM 5 핀에 100 보내기
PWM 6 핀에 0 보내기
PWM 9 핀에 100 보내기
PWM 10 핀에 0 보내기
정의하기 오른쪽으로
PWM 5 핀에 0 보내기
PWM 6 핀에 100 보내기
PWM 9 핀에 0 보내기
PWM 10 핀에 100 보내기

그림 3-33 라인 트랙 자동차 프로그램 함수 모음

그리고 그림 3-34처럼 **만약 ~** 블록 명령을 이용해서 앞에 나왔던 표 순서대로 코딩을 해보겠습니다.

아두이노 프로그램
무한 반복하기
왼쪽 센서 을(를) 디지털 3 핀 읽기 로 정하기
오른쪽 센서 을(를) 디지털 4 핀 읽기 로 정하기
만약 왼쪽 센서 = 1 그리고 오른쪽 센서 = 1 라면
멈추기

그림 3-34 라인 트랙 자동차 멈추기

두 변수의 값이 모두 1이라면(왼쪽, 오른쪽 둘 다 검은색) 멈춥니다.

어때요 참 쉽죠?

그림 3-35와 같이 나머지 3가지 경우도 모두 코딩해 봅시다.

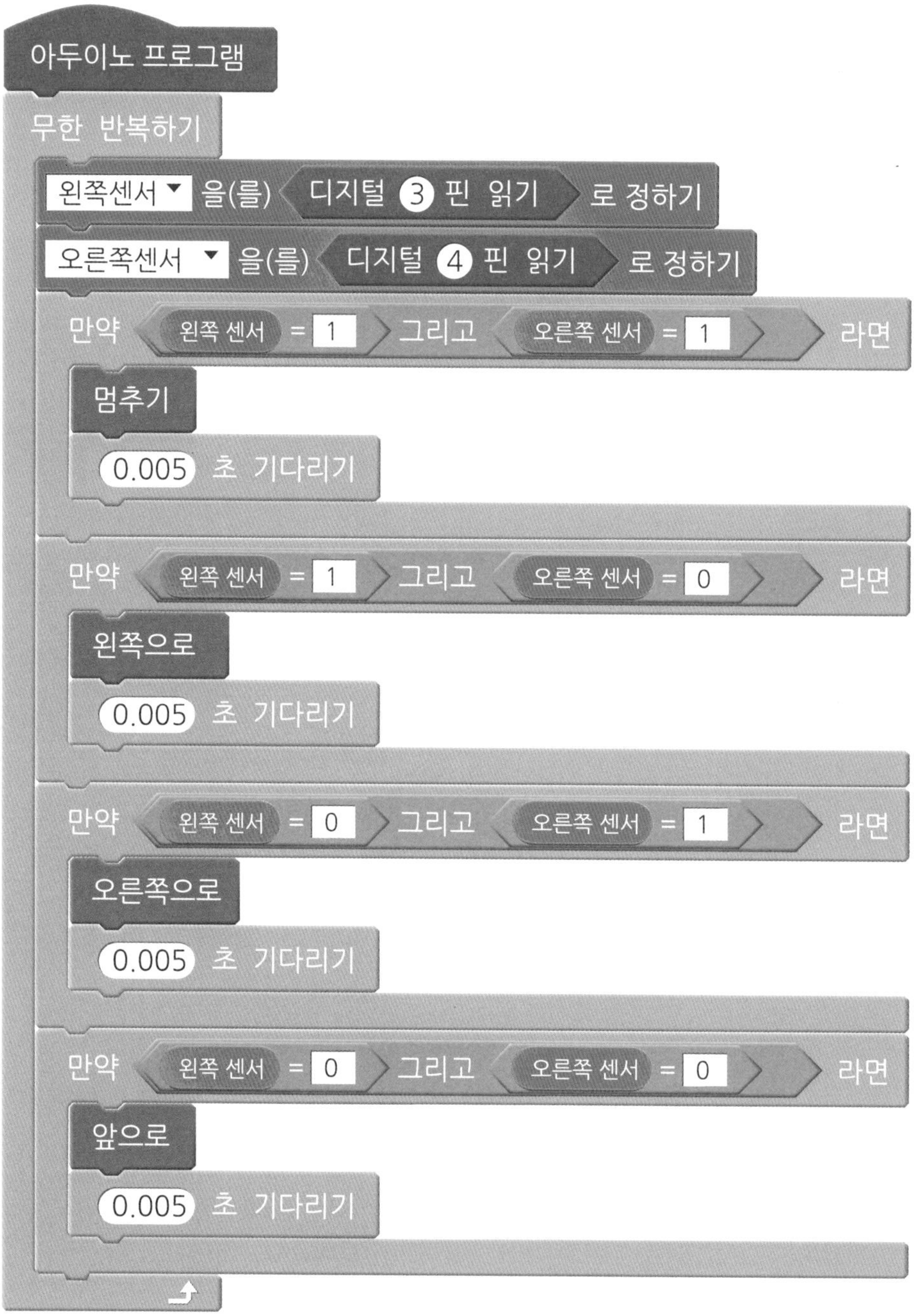
아두이노 프로그램
무한 반복하기
왼쪽센서 을(를) 디지털 3 핀 읽기 로 정하기
오른쪽센서 을(를) 디지털 4 핀 읽기 로 정하기
만약 왼쪽 센서 = 1 그리고 오른쪽 센서 = 1 라면
멈추기
0.005 초 기다리기
만약 왼쪽 센서 = 1 그리고 오른쪽 센서 = 0 라면
왼쪽으로
0.005 초 기다리기
만약 왼쪽 센서 = 0 그리고 오른쪽 센서 = 1 라면
오른쪽으로
0.005 초 기다리기
만약 왼쪽 센서 = 0 그리고 오른쪽 센서 = 0 라면
앞으로
0.005 초 기다리기

그림 3-35 라인 트랙 자동차 프로그램 코딩하기

짜잔~ 드디어 라인 트랙 자동차 프로그램을 만들었습니다.

기다리기 명령어를 사용하면 더 자연스럽게 라인을 따라 움직입니다. 너무 오래 기다리면 자동차가 라인을 벗어날 수 있습니다.

이제 누가 더 코딩을 잘했는지 겨루는 시합을 해보겠습니다.

4 라인 트랙 자동차 경주 시합

먼저 부품 상자에 있는 라인 트랙을 이용해서 잘 움직이는지 확인합니다.

두 센서가 모두 흰색을 보고 있을 때 앞으로 잘 이동하는지 살펴봅니다. 라인 트랙 자동차 코딩에서 모터를 제대로 연결하는 것이 가장 중요합니다.

모터를 잘못 연결하면 반대 방향으로 회전하거나 아예 움직이지 않을 수도 있습니다. 그리고 라인 센서의 민감도를 잘 조절해야 합니다. 드라이버로 라인 센서 민감도 저항을 돌려서 검은색과 흰색을 잘 구분하는지 확인합니다.

라인 센서 감지 엘이디(LED)에 불이 들어오지 않으면 라인 센서가 검은색을 읽은 것입니다. 만약 검은색을 잘 못 읽는 것 같으면 라인 센서 민감도 저항을 시계 방향으로 돌립니다. 아주 조금 움직여도 민감도가 크게 바뀝니다. 아마 처음 만들 때는 많은 어려움을 겪게 될 것입니다. 하지만 주의깊게 살펴보고 민감도 저항을 바꾸다보면 어느 순간 감이 옵니다. 이때 여러분이 더 성장하게 되는 것입니다.

또한, 모터가 다른 속도로 회전할 수도 있습니다. 왼쪽 모터, 오른쪽 모터 모두 100 값만큼 회전하라고 코딩했지만 다른 속도로 회전하는 경우가 있습니다. 모터가 모두 다르기 때문입니다. 이럴 때는 회전하는 값을 바꿔서 앞으로 잘 움직이도록 코딩을 해야 합니다.

왼쪽으로 회전해야 하는데 조금만 회전하는 경우가 있습니다. 이럴 때는 더 많이 회전하도록 더 높은 전압을 보내줘야 합니다. 그리고 기다리는 시간을 잘 바꿔줘야 합니다. 문제점을 잘 알고 해결할 수 있도록 열심히 살펴보고 생각하세요.

라인 트랙 자동차 경주를 오랫동안 연습하다 보면 배터리를 많이 사용하게 됩니다. 배터리를 다 써버리면 라인 트랙 자동차가 움직이지 않습니다. 항상 건전지를 더 챙겨서 준비해야 합니다.

지금까지 정말 정말 열심히 잘 따라와 줬습니다. 정말 감사합니다. 중간에 이해하기 힘든 부분이 있었지만 포기하지 않고 결승선에 멋지게 도착했습니다.

이제 여러분은 자신이 원하는 대로 코딩을 할 수 있습니다.

생각하는 능력이 많이 발전했을 거라고 믿습니다. 앞으로 더 열심히 공부해서 우리를 불편하게 하는 많은 문제를 해결하고 세상을 더 멋지게 만들었으면 합니다.

지금까지 배운 것 중에 중요한 내용을 다시 한번 정리해봅시다.

순서, 반복, 조건, 함수. 이 4가지를 꼭 기억하기 바랍니다.

그리고 라인 트랙에서 마음껏 경주를 즐기세요!